"十四五"时期国家重点出版物出版专项规划项目

中国建造关键技术创新与应用丛书

航站楼工程建造关键施工技术

肖绪文　蒋立红　张晶波　黄　刚　等　编

中国建筑工业出版社

图书在版编目（CIP）数据

航站楼工程建造关键施工技术 / 肖绪文等编. — 北京：中国建筑工业出版社，2023.12
（中国建造关键技术创新与应用丛书）
ISBN 978-7-112-29460-2

Ⅰ. ①航… Ⅱ. ①肖… Ⅲ. ①航站楼－工程施工 Ⅳ. ①TU248.6

中国国家版本馆 CIP 数据核字(2023)第 244704 号

本书结合实际航站楼工程建设情况，收集大量相关资料，对航站楼的建设特点、施工技术、施工管理等进行系统、全面的统计，加以提炼，通过已建项目的施工经验，紧抓航站楼的特点以及施工技术难点，从航站楼的功能形态特征、关键施工技术、专业施工技术三个层面进行研究，形成一套系统的航站楼建造技术，并遵循集成技术开发思路，围绕航站楼建设，分篇章对其进行总结介绍，共包括 17 项关键技术、9 项专项技术，并且提供 20 个工程案例辅以说明。本书适合于建筑施工领域技术、管理人员参考使用。

责任编辑：曹丹丹　范业庶　万　李
责任校对：姜小莲

中国建造关键技术创新与应用丛书
航站楼工程建造关键施工技术
肖绪文　蒋立红　张晶波　黄　刚　等　编
*
中国建筑工业出版社出版、发行（北京海淀三里河路 9 号）
各地新华书店、建筑书店经销
北京红光制版公司制版
北京中科印刷有限公司印刷
*
开本：787 毫米×960 毫米　1/16　印张：17¼　字数：295 千字
2023 年 12 月第一版　　2023 年 12 月第一次印刷
定价：**55.00** 元
ISBN 978-7-112-29460-2
（41748）

《中国建造关键技术创新与应用丛书》
编　委　会

《航站楼工程建造关键施工技术》

编　委　会

《中国建造关键技术创新与应用丛书》编者的话

一、初心

“十三五”期间，我国建筑业改革发展成效显著，全国建筑业增加值年均增长 5.1%，占国内生产总值比重保持在 6.9%以上。2022 年，全国建筑业总产值近 31.2 万亿元，房屋施工面积 156.45 亿 m^2，建筑业从业人数 5184 万人。建筑业作为国民经济支柱产业的作用不断增强，为促进经济增长、缓解社会就业压力、推进新型城镇化建设、保障和改善人民生活作出了重要贡献，中国建造也与中国创造、中国制造共同发力，不断改变着中国面貌。

建筑业在为社会发展作出巨大贡献的同时，仍然存在资源浪费、环境污染、碳排放高、作业条件差等显著问题，建筑行业工程质量发展不平衡不充分的矛盾依然存在，随着国民生活水平的快速提升，全面建成小康社会也对工程建设产品和服务提出了新的要求，因此，建筑业实现高质量发展更为重要紧迫。

众所周知，工程建造是工程立项、工程设计与工程施工的总称，其中，对于建筑施工企业，更多涉及的是工程施工活动。在不同类型建筑的施工过程中，由于工艺方法、作业人员水平、管理质量的不同，导致建筑品质总体不高、工程质量事故时有发生。因此，亟须建筑施工行业，针对各种不同类别的建筑进行系统集成技术研究，形成成套施工技术，指导工程实践，以提高工程品质，保障工程安全。

中国建筑集团有限公司（简称“中建集团”），是我国专业化发展最久、市场化经营最早、一体化程度最高、全球规模最大的投资建设集团。2022 年，中建集团位居《财富》“世界 500 强”榜单第 9 位，连续位列《财富》“中国 500 强”前 3 名，稳居《工程新闻记录》（ENR）“全球最大 250 家工程承包商”榜单首位，连续获得标普、穆迪、惠誉三大评级机构A级信用评级。近年来，随着我国城市化进程的快速推进和经济水平的迅速增长，中建集团下属各单位在航站楼、会展建筑、体育场馆、大型办公建筑、医院、制药厂、污水处理厂、居住建筑、建筑工程装饰装修、城市综合管廊等方面，承接了一大批国内外具有代表性的地标性工程，积累了丰富的施工管理经验，针对具体施工工艺，研究形成了许多卓有成效的新型施工技术，成果应用效果明显。然而，这些成果仍然分散在各个单位，应用水平参差不齐，难能实现资源共享，更不能在行业中得到广泛应用。

基于此，一个想法跃然而生：集中中建集团技术力量，将上述施工技术进行集成研究，形成针对不同工程类型的成套施工技术，可以为工程建设提供全方位指导和借鉴作用，为提升建筑行业施工技术整体水平起到至关重要的促进作用。

二、实施

初步想法形成以后，如何实施，怎样达到预期目标，仍然存在诸多困难：一是海量的工程数据和技术方案过于繁杂，资料收集整理工程量巨大；二是针对不同类型的建筑，如何进行归类、分析，形成相对标准化的技术集成，有效指导基层工程技术人员的工作难度很大；三是该项工作标准要求高，任务周期长，如何组建团队，并有效地组织完成这个艰巨的任务面临巨大挑战。

随着国家科技创新力度的持续加大和中建集团的高速发展，我们的想法得到了集团领导的大力支持，集团决定投入专项研发经费，对科技系统下达了针对“房屋建筑、污水处理和管廊等工程施工开展系列集成技术研究”的任务。

接到任务以后，如何出色完成呢？

首先是具体落实“谁来干”的问题。我们分析了集团下属各单位长期以来在该领域的技术优势，并在广泛征求意见的基础上，确定了“在集团总部主导下，以工程技术优势作为相应工程类别的课题牵头单位”的课题分工原则。具体分工是：中建八局负责航站楼；中建五局负责会展建筑；中建三局负责体育场馆；中建四局负责大型办公建筑；中建一局负责医院；中建二局负责制药厂；中建六局负责污水处理厂；中建七局负责居住建筑；中建装饰负责建筑装饰装修；中建集团技术中心负责城市综合管廊建筑。组建形成了由集团下属二级单位总工程师作课题负责人，相关工程项目经理和总工程师为主要研究人员，总人数达300余人的项目科研团队。

其次是确定技术路线，明确如何干的问题。通过对各类建筑的施工组织设计、施工方案和技术交底等指导施工的各类文件的分析研究发现，工程施工项目虽然千差万别，但同类技术文件的结构大多相同，内容的重复性大多占有主导地位，因此，对这些文件进行标准化处理，把共性技术和内容固化下来，这将使复杂的投标方案、施工组织设计、施工方案和技术交底等文件的编制变得相对简单。

根据之前的想法，结合集团的研发布局，初步确定该项目的研发思路为：全面收集中建集团及其所属单位完成的航站楼、会展建筑、体育场馆、大型办公建筑、医院、制药厂、污水处理厂、居住建筑、建筑工程装饰装修、城市综合管廊十大系列项目的所有资料，分析各类建筑的施工特点，总结其施工组织和部署的内在规律，提出该类建筑的技术对策。同时，对十大系列项目的施工组织设计、施工方案、工法等技术资源进行收集和梳理，将其系统化、标准化，以指导相应的工程项目投标和实施，提高项目运行的效率及质量。据此，针对不同工程特点选择适当的方案和技术是一种相对高效的方法，可有效减少工程项目技术人员从事繁杂的重复性劳动。

项目研究总体分为三个阶段：

第一阶段是各类技术资源的收集整理。项目组各成员对中建集团所有施工项目进行资料收集，并分类筛选。累计收集各类技术标文件381份，施工组织设计269份，项目施工图206套，施工方案3564篇，工法547项，专利241篇，论文若干，充分涵盖了十大类工程项目的施工技术。

第二阶段是对相应类型工程项目进行分析研究。由课题负责人牵头，集合集团专业技术人员优势能力，完成对不同类别工程项目的分析，识别工程特点难点，对关键技术、专项技术和一般技术进行分类，找出相应规律，形成相应工程实施的总体部署要点和组织方法。

第三阶段是技术标准化。针对不同类型工程项目的特点，对提炼形成的关键施工技术和专项施工技术进行系统化和规范化，对技术资料进行统一性要求，并制作相关文档资料和视频影像数据库。

基于科研项目层面，对课题完成情况进行深化研究和进一步凝练，最终通过工程示范，检验成果的可实施性和有效性。

通过五年多时间，各单位按照总体要求，研编形成了本套丛书。

三、成果

十年磨剑终成锋，根据系列集成技术的研究报告整理形成的本套丛书终将面世。丛书依据工程功能类型分为：航站楼、会展建筑、体育场馆、大型办公建筑、医院、制药厂、污水处理厂、居住建筑、建筑工程装饰装修、城市综合管廊十大系列，每一系列单独成册，每册包含概述、功能形态特征研究、关键技术研究、专项技术研究和工程案例五个章节。其中，概述章节主要介绍项目的发展概况和研究简介；功能形态特征研究章节对项目的特点、施工难点进行了分析；关键技术研究和专项技术研究章节针对项目施工过程中各类创新技术进行了分类总结提炼；工程案例章节展现了截至目前最新完成的典型工程项目。

1.《航站楼工程建造关键施工技术》

随着经济的发展和国家对基础设施投资的增加，机场建设成为国家投资的重点，机场除了承担其交通作用外，往往还肩负着代表一个城市形象、体现地区文化内涵的重任。该分册集成了国内近十年绝大多数大型机场的施工技术，提炼总结了针对航站楼的 17 项关键施工技术、9 项专项施工技术。同时，形成省部级工法 33 项、企业工法 10 项，获得专利授权 36 项，发表论文 48 篇，收录典型工程实例 20 个。

针对航站楼工程智能化程度要求高、建筑平面尺寸大等重难点，总结了 17 项关键施工技术：

- 装配式塔式起重机基础技术
- 机场航站楼超大承台施工技术
- 航站楼钢屋盖滑移施工技术

- 航站楼大跨度非稳定性空间钢管桁架“三段式”安装技术
- 航站楼“跨外吊装、拼装胎架滑移、分片就位”施工技术
- 航站楼大跨度等截面倒三角弧形空间钢管桁架拼装技术
- 航站楼大跨度变截面倒三角空间钢管桁架拼装技术
- 高大侧墙整体拼装式滑移模板施工技术
- 航站楼大面积曲面屋面系统施工技术
- 后浇带与膨胀剂综合用于超长混凝土结构施工技术
- 跳仓法用于超长混凝土结构施工技术
- 超长、大跨、大面积连续预应力梁板施工技术
- 重型盘扣架体在大跨度渐变拱形结构施工中的应用
- BIM 机场航站楼施工技术
- 信息系统技术
- 行李处理系统施工技术
- 安检信息管理系统施工技术

针对屋盖造型奇特、机电信息系统复杂等特点，总结了 9 项专项施工技术：

- 航站楼钢柱混凝土顶升浇筑施工技术
- 隔震垫安装技术
- 大面积回填土注浆处理技术
- 厚钢板异形件下料技术
- 高强度螺栓施工、检测技术
- 航班信息显示系统（含闭路电视系统、时钟系统）施工技术
- 公共广播、内通及时钟系统施工技术
- 行李分拣机安装技术
- 航站楼工程不停航施工技术

2.《会展建筑工程建造关键施工技术》

随着经济全球化进一步加速，各国之间的经济、技术、贸易、文化等往来日益频繁，为会展业的发展提供了巨大的机遇，会展业涉及的范围越来越广，

规模越来越大，档次越来越高，在社会经济中的影响也越来越大。该分册集成了30余个会展建筑的施工技术，提炼总结了针对会展建筑的11项关键施工技术、12项专项施工技术。同时，形成国家标准1部、施工技术交底102项、工法41项、专利90项，发表论文129篇，收录典型工程实例6个。

针对会展建筑功能空间大、组合形式多、屋面造型新颖独特等特点，总结了11项关键施工技术：

- 大型复杂建筑群主轴线相关性控制施工技术
- 轻型井点降水施工技术
- 吹填砂地基超大基坑水位控制技术
- 超长混凝土墙面无缝施工及综合抗裂技术
- 大面积钢筋混凝土地面无缝施工技术
- 大面积钢结构整体提升技术
- 大跨度空间钢结构累积滑移技术
- 大跨度钢结构旋转滑移施工技术
- 钢骨架玻璃幕墙设计施工技术
- 拉索式玻璃幕墙设计施工技术
- 可开启式天窗施工技术

针对测量定位、大跨度（钢）结构、复杂幕墙施工等重难点，总结了12项专项施工技术：

- 大面积软弱地基处理技术
- 大跨度混凝土结构预应力技术
- 复杂空间钢结构高空原位散件拼装技术
- 穹顶钢—索膜结构安装施工技术
- 大面积金属屋面安装技术
- 金属屋面节点防水施工技术
- 大面积屋面虹吸排水系统施工技术
- 大面积异形地面铺贴技术

- 大空间吊顶施工技术
- 大面积承重耐磨地面施工技术
- 饰面混凝土技术
- 会展建筑机电安装联合支吊架施工技术

3.《体育场馆工程建造关键施工技术》

体育比赛现今作为国际政治、文化交流的一种依托，越来越受到重视，同时，我国体育事业的迅速发展，带动了体育场馆的建设。该分册集成了中建集团及其所属企业完成的绝大多数体育场馆的施工技术，提炼总结了针对体育场馆的 16 项关键施工技术、17 项专项施工技术。同时，形成国家级工法 15 项、省部级工法 32 项、企业工法 26 项、专利 21 项，发表论文 28 篇，收录典型工程实例 15 个。

为了满足各项赛事的场地高标准需求（如赛场平整度、光线满足度、转播需求等），总结了 16 项关键施工技术：

- 复杂（异形）空间屋面钢结构测量及变形监测技术
- 体育场看台依山而建施工技术
- 大截面 Y 形柱施工技术
- 变截面 Y 形柱施工技术
- 高空大直径组合式 V 形钢管混凝土柱施工技术
- 异形尖劈柱施工技术
- 永久模板混凝土斜扭柱施工技术
- 大型预应力环梁施工技术
- 大悬挑钢桁架预应力拉索施工技术
- 大跨度钢结构滑移施工技术
- 大跨度钢结构整体提升技术
- 大跨度钢结构卸载技术
- 支撑胎架设计与施工技术
- 复杂空间管桁架结构现场拼装技术

● 复杂空间异形钢结构焊接技术

● ETFE 膜结构施工技术

为了更好地满足观赛人员的舒适度，针对体育场馆大跨度、大空间、大悬挑等特点，总结了 17 项专项施工技术：

● 高支模施工技术

● 体育馆木地板施工技术

● 游泳池结构尺寸控制技术

● 射击馆噪声控制技术

● 体育馆人工冰场施工技术

● 网球场施工技术

● 塑胶跑道施工技术

● 足球场草坪施工技术

● 国际马术比赛场施工技术

● 体育馆吸声墙施工技术

● 体育场馆场地照明施工技术

● 显示屏安装技术

● 体育场馆智能化系统集成施工技术

● 耗能支撑加固安装技术

● 大面积看台防水装饰一体化施工技术

● 体育场馆标识系统制作及安装技术

● 大面积无损拆除技术

4.《大型办公建筑工程建造关键施工技术》

随着现代城市建设和城市综合开发的大幅度前进，一些大城市尤其是较为开放的城市在新城区规划设计中，均加入了办公建筑及其附属设施（即中央商务区/CBD）。该分册全面收集和集成了中建集团及其所属企业完成的大型办公建筑的施工技术，提炼总结了针对大型办公建筑的 16 项关键施工技术、28 项专项施工技术。同时，形成适用于大型办公建筑施工的专利共 53 项、工法 12

项，发表论文65篇，收录典型工程实例9个。

针对大型办公建筑施工重难点，总结了16项关键施工技术：

- 大吨位长行程油缸整体顶升模板技术
- 箱形基础大体积混凝土施工技术
- 密排互嵌式挖孔方桩墙逆作施工技术
- 无粘结预应力抗拔桩桩侧后注浆技术
- 斜扭钢管混凝土柱抗剪环形梁施工技术
- 真空预压+堆载振动碾压加固软弱地基施工技术
- 混凝土支撑梁减振降噪微差控制爆破拆除施工技术
- 大直径逆作板墙深井扩底灌注桩施工技术
- 超厚大斜率钢筋混凝土剪力墙爬模施工技术
- 全螺栓无焊接工艺爬升式塔式起重机支撑牛腿支座施工技术
- 直登顶模平台双标准节施工电梯施工技术
- 超高层高适应性绿色混凝土施工技术
- 超高层不对称钢悬挂结构施工技术
- 超高层钢管混凝土大截面圆柱外挂网抹浆防护层施工技术
- 低压喷涂绿色高效防水剂施工技术
- 地下室梁板与内支撑合一施工技术

为了更好利用城市核心区域的土地空间，打造高端的知名品牌，大型办公建筑一般为高层或超高层项目，基于此，总结了28项专项施工技术：

- 大型地下室综合施工技术
- 高精度超高测量施工技术
- 自密实混凝土技术
- 超高层导轨式液压爬模施工技术
- 厚钢板超长立焊缝焊接技术
- 超大截面钢柱陶瓷复合防火涂料施工技术
- PVC中空内模水泥隔墙施工技术

- 附着式塔式起重机自爬升施工技术
- 超高层建筑施工垂直运输技术
- 管理信息化应用技术
- BIM 施工技术
- 幕墙施工新技术
- 建筑节能新技术
- 冷却塔的降噪施工技术
- 空调水蓄冷系统蓄冷水池保温、防水及均流器施工技术
- 超高层高适应性混凝土技术
- 超高性能混凝土的超高泵送技术
- 超高层施工期垂直运输大型设备技术
- 基于 BIM 的施工总承包管理系统技术
- 复杂多角度斜屋面复合承压板技术
- 基于 BIM 的钢结构预拼装技术
- 深基坑旧改项目利用旧地下结构作为支撑体系换撑快速施工技术
- 新型免立杆铝模支撑体系施工技术
- 工具式定型化施工电梯超长接料平台施工技术
- 预制装配化压重式塔式起重机基础施工技术
- 复杂异形蜂窝状高层钢结构的施工技术
- 中风化泥质白云岩大筏板基础直壁开挖施工技术
- 深基坑双排双液注浆止水帷幕施工技术

5.《医院工程建造关键施工技术》

由于我国医疗卫生事业的发展，许多医院都先后进入“改善医疗环境”的建设阶段，各地都在积极改造原有医院或兴建新型的现代医疗建筑。该分册集成了中建集团及其所属企业完成的医院的施工技术，提炼总结了针对医院的 7 项关键施工技术、7 项专项施工技术。同时，形成工法 13 项，发表论文 7 篇，收录典型工程实例 15 个。

针对医院各功能板块的使用要求，总结了7项关键施工技术：

- 洁净施工技术
- 防辐射施工技术
- 医院智能化控制技术
- 医用气体系统施工技术
- 酚醛树脂板干挂法施工技术
- 橡胶卷材地面施工技术
- 内置钢丝网架保温板（IPS板）现浇混凝土剪力墙施工技术

针对医院特有的洁净要求及通风光线需求，总结了7项专项施工技术：

- 给水排水、污水处理施工技术
- 机电工程施工技术
- 外墙保温装饰一体化板粘贴施工技术
- 双管法高压旋喷桩加固抗软弱层位移施工技术
- 构造柱铝合金模板施工技术
- 多层钢结构双向滑动支座安装技术
- 多曲神经元网壳钢架加工与安装技术

6.《制药厂工程建造关键施工技术》

随着人民生活水平的提高，对药品质量的要求也日益提高，制药厂越来越多。该分册集成了15个制药厂的施工技术，提炼总结了针对制药厂的6项关键施工技术、4项专项施工技术。同时，形成论文和总结18篇、施工工艺标准9篇，收录典型工程实例6个。

针对制药厂高洁净度的要求，总结了6项关键施工技术：

- 地面铺贴施工技术
- 金属壁施工技术
- 吊顶施工技术
- 洁净环境净化空调技术
- 洁净厂房的公用动力设施

● 洁净厂房的其他机电安装关键技术

针对洁净环境的装饰装修、机电安装等功能需求，总结了4项专项施工技术：

● 洁净厂房锅炉安装技术

● 洁净厂房污水、有毒液体处理净化技术

● 洁净厂房超精地坪施工技术

● 制药厂防水、防潮技术

7.《污水处理厂工程建造关键施工技术》

节能减排是当今世界发展的潮流，也是我国国家战略的重要组成部分，随着城市污水排放总量逐年增多，污水处理厂也越来越多。该分册集成了中建集团及其所属企业完成的污水处理厂的施工技术，提炼总结了针对污水处理厂的13项关键施工技术、4项专项施工技术。同时，形成国家级工法3项、省部级工法8项，申请国家专利14项，发表论文30篇，完成著作2部，QC成果获国家建设工程优秀质量管理小组2项，形成企业标准1部、行业规范1部，收录典型工程实例6个。

针对不同污水处理工艺和设备，总结了13项关键施工技术：

● 超大面积、超薄无粘结预应力混凝土施工技术

● 异形沉井施工技术

● 环形池壁无粘结预应力混凝土施工技术

● 超高独立式无粘结预应力池壁模板及支撑系统施工技术

● 顶管施工技术

● 污水环境下混凝土防腐施工技术

● 超长超高剪力墙钢筋保护层厚度控制技术

● 封闭空间内大方量梯形截面素混凝土二次浇筑施工技术

● 有水管道新旧钢管接驳施工技术

● 乙丙共聚蜂窝式斜管在沉淀池中的应用技术

● 滤池内滤板模板及曝气头的安装技术

● 水工构筑物橡胶止水带引发缝施工技术

● 卵形消化池综合施工技术

为了满足污水处理厂反应池的结构要求，总结了 4 项专项施工技术：

● 大型露天水池施工技术

● 设备安装技术

● 管道安装技术

● 防水防腐涂料施工技术

8.《居住建筑工程建造关键施工技术》

在现代社会的城市建设中，居住建筑是占比最大的建筑类型，近年来，全国城乡住宅每年竣工面积达到 12 亿～14 亿 m^2，投资额接近万亿元，约占全社会固定资产投资的 20%。该分册集成了中建集团及其所属企业完成的居住建筑的施工技术，提炼总结了居住建筑的 13 项关键施工技术、10 项专项施工技术。同时，形成国家级工法 8 项、省部级工法 23 项；申请国家专利 38 项，其中发明专利 3 项；发表论文 16 篇；收录典型工程实例 7 个。

针对居住建筑的分部分项工程，总结了 13 项关键施工技术：

● SI 住宅配筋清水混凝土砌块砌体施工技术

● SI 住宅干式内装系统墙体管线分离施工技术

● 装配整体式约束浆锚剪力墙结构住宅节点连接施工技术

● 装配式环筋扣合锚接混凝土剪力墙结构体系施工技术

● 地源热泵施工技术

● 顶棚供暖制冷施工技术

● 置换式新风系统施工技术

● 智能家居系统

● 预制保温外墙免支模一体化技术

● CL 保温一体化与铝模板相结合施工技术

● 基于铝模板爬架体系外立面快速建造施工技术

● 强弱电箱预制混凝土配块施工技术

- 居住建筑各功能空间的主要施工技术

10 项专项施工技术包括：

- 结构基础质量通病防治
- 混凝土结构质量通病防治
- 钢结构质量通病防治
- 砖砌体质量通病防治
- 模板工程质量通病防治
- 屋面质量通病防治
- 防水质量通病防治
- 装饰装修质量通病防治
- 幕墙质量通病防治
- 建筑外墙外保温质量通病防治

9.《建筑工程装饰装修关键施工技术》

随着国民消费需求的不断升级和分化，我国的酒店业正在向着更加多元的方向发展，酒店也从最初的满足住宿功能阶段发展到综合提升用户体验的阶段。该分册集成了中建集团及其所属企业完成的高档酒店装饰装修的施工技术，提炼总结了建筑工程装饰装修的 7 项关键施工技术、7 项专项施工技术。同时，形成工法 23 项；申请国家专利 15 项，其中发明专利 2 项；发表论文 9 篇；收录典型工程实例 14 个。

针对不同装饰部位及工艺的特点，总结了 7 项关键施工技术：

- 多层木造型艺术墙施工技术
- 钢结构玻璃罩扣幻光穹顶施工技术
- 整体异形（透光）人造石施工技术
- 垂直水幕系统施工技术
- 高层井道系统轻钢龙骨石膏板隔墙施工技术
- 锈面钢板施工技术
- 隔振地台施工技术

为了提升住户体验，总结了 7 项专项施工技术：

- 地面工程施工技术
- 吊顶工程施工技术
- 轻质隔墙工程施工技术
- 涂饰工程施工技术
- 裱糊与软包工程施工技术
- 细部工程施工技术
- 隔声降噪施工关键技术

10.《城市综合管廊工程建造关键施工技术》

为了提高城市综合承载力，解决城市交通拥堵问题，同时方便电力、通信、燃气、供排水等市政设施的维护和检修，城市综合管廊越来越多。该分册集成了中建集团及其所属企业完成的城市综合管廊的施工技术，提炼总结了 10 项关键施工技术、10 项专项施工技术，收录典型工程实例 8 个。

针对城市综合管廊不同的施工方式，总结了 10 项关键施工技术：

- 模架滑移施工技术
- 分离式模板台车技术
- 节段预制拼装技术
- 分块预制装配技术
- 叠合预制装配技术
- 综合管廊盾构过节点井施工技术
- 预制顶推管廊施工技术
- 哈芬槽预埋施工技术
- 受限空间管道快速安装技术
- 预拌流态填筑料施工技术

10 项专项施工技术包括：

- U 形盾构施工技术
- 两墙合一的预制装配技术

- 大节段预制装配技术
- 装配式钢制管廊施工技术
- 竹缠绕管廊施工技术
- 喷涂速凝橡胶沥青防水涂料施工技术
- 火灾自动报警系统安装技术
- 智慧线＋机器人自动巡检系统施工技术
- 半预制装配技术
- 内部分舱结构施工技术

四、感谢与期望

该项科技研发项目针对十大类工程形成的系列集成技术，是中建集团多年来经验和优势的体现，在一定程度上展示了中建集团的综合技术实力和管理水平。

不忘初心，牢记使命。希望通过本套丛书的出版发行，一方面可帮助企业减轻投标文件及实施性技术文件的编制工作量，提升效率；另一方面为企业生产专业化、管理标准化提供技术支撑，进而逐步改变施工企业之间技术发展不均衡的局面，促进我国建筑业高质量发展。

在此，非常感谢奉献自己研究成果，并付出巨大努力的相关单位和广大技术人员，同时要感谢在系列集成技术研究成果基础上，为编撰本套丛书提供支持和帮助的行业专家。我们愿意与各位行业同仁一起，持续探索，为中国建筑业的发展贡献微薄之力。

考虑到本项目研究涉及面广，研究时间持续较长，研究人员变化较大，研究水平也存在较大差异，我们在出版前期尽管做了许多完善凝练的工作，但还是存在许多不尽如意之处，诚请业内专家斧正，我们不胜感激。

编委会

北京　2023 年

前　言

随着人类社会的不断发展，空中交通凭借其便捷、高效、安全的优势，越来越凸显出其重要性。机场，除了承担交通作用外，往往还肩负着代表一个城市形象、体现地区文化内涵的重任。伴随经济的发展和国家对基础设施投资的增加，机场建设将成为国家投资的重点。截至 2021 年，我国境内运输机场（不含港澳台地区，下同）共有 248 个，年旅客吞吐量 1000 万人次以上的运输机场有 29 个，年货邮吞吐量 10000t 以上的运输机场有 61 个。在房屋建筑竞争日益白热化的情况下，大型公共建筑如机场等正值空前繁荣阶段，将是施工企业新的发展方向。

为更好地服务和促进航站楼建设发展，中国建筑集团有限公司组织骨干成员单位——中国建筑第八工程局有限公司（以下简称“中建八局”）开展航站楼建筑成套施工技术的总结梳理工作。中建八局是获得国家首批“三特三甲”资质企业，以承建“高、大、特、精、尖”工程著称于世，承建了 70 多座大型机场航站楼，参与了 25 个省会机场，是中国总承包航站楼工程最多的企业。中建八局结合实际工程建设情况，梳理大量相关资料，围绕航站楼建造过程的特点和难点，从施工技术、施工管理等方面进行全面系统的总结和凝练，汇总成功施工的航站楼建筑工程案例，传递出实用先进的工程技术经验。在专家学者的鼎力支持，以及科研和工程技术人员的共同努力下，丛书系列之《航站楼工程建造关键施工技术》终于得以问世。

本书从航站楼的施工技术入手，简要介绍了航站楼建筑的基本情况和发展趋势，以及航站楼成套技术开发的必要性。着重介绍了航站楼施工过程中的关键技术、专项技术和通用技术，并对经典的施工案例进行深入剖析总结，形成了完整的施工操作手册，为各种复杂航站楼的施工提供了指导和依据。

本书适用于从事建筑设计、施工、监理、招标代理等技术和管理人员使用，旨在帮助其了解航站楼建筑建造的相关知识。

在本书的编写过程中，参考和选用了国内外学者或工程师的著作和资料，在此谨向他们表示衷心的感谢。限于作者水平和条件，书中难免存在不妥和疏漏之处，恳请广大读者批评指正。

目　　录

1 概　述

1.1 我国机场航站楼建设的基本情况和发展趋势

1. 机场发展现状

（1）机场数量不断增加

随着人类社会的不断发展，空中交通凭借其便捷、高效、安全的优势，越来越显现出其重要性。机场建设正值空前繁荣时期。

截至 2021 年，我国境内运输机场（港澳台地区除外）共有 248 个，其中定期航班通航运输机场 248 个，定期航班通航城市（或地区）244 个。

（2）机场服务范围不断扩大

以地面交通 100km 为服务半径，航空服务在地级市的覆盖率达到 92%，旅客周转量在综合交通中的占比提升至 33%，以机场为核心的综合交通枢纽加快形成。

（3）机场运输保障能力不断提高

截至 2021 年，国内运输机场实现了：

1）旅客吞吐量 90748.3 万人次，比 2020 年增长 5.9%，其中，国内航线完成 90443.2 万人次，国际航线完成 305.1 万人次；

2）货邮吞吐量 1782.8 万 t，比 2020 年增长 10.9%；

3）飞机起降 977.7 万架次，比 2020 年增长 8.0%。

截至 2021 年，国内旅客吞吐量超过 1500 万人次的机场有 21 个，其中广州白云国际机场和成都双流国际机场旅客吞吐量超过 4000 万人次，分列全球第一位和第三位。上海浦东机场货物吞吐量达到 398.3 万 t，位列全国第一位。

总体趋势是：机场规模持续扩大，机场密度有所提高；机场可使用机型不断增加；安全运行保障条件明显改善；机场设施的现代化程度有所提高。

2. 民用航空发展面临的挑战

挑战之一：关键资源不足，基础设施保障能力面临容量和效率双差距；

挑战之二：在航空物流、通用航空与国内制造业协同等领域仍有明显差距；

挑战之三：科技自主创新能力不强，绿色低碳技术相对滞后，支撑引领民航发展的作用发挥不充分；

挑战之四：民航治理体系和治理能力有待提升，应对重大风险的系统性和前瞻性不强。

3. 机场建设与发展的新趋势

平安机场是安全生产基础牢固、安全保障体系完备、安全运行平稳可控的机场。

绿色机场是在全生命周期内实现资源集约节约、低碳运行、环境友好的机场。

智慧机场是生产要素全面物联、数据共享、协同高效、智能运行的机场。

人文机场是秉持以人为本的理念，富有文化底蕴，体现时代精神和当代民航精神，弘扬社会主义核心价值观的机场。

四个要素相辅相成、不可分割。平安是基本要求，绿色是基本特征，智慧是基本品质，人文是基本功能。要以智慧为引领，通过智慧化手段加快推动平安、绿色、智慧、人文目标的实现。

4. 机场建设与发展的目标

2021 年到 2030 年是“四型机场”建设的全面推进阶段，包括“平安、绿色、智慧、人文”发展理念全面融入现行规章标准体系；保障能力、管理水平、运行效率、绿色发展能力等大幅提升；支线机场、通用机场发展不足等短板得到弥补，机场体系更加均衡协调；示范项目的带动引领作用充分发挥，多个世界领先的标杆机场建成。

2031 年到 2035 年是“四型机场”建设的深化提升阶段，包括机场规章标准体系健全完善，有充分的国际话语权；建成规模适度、保障有力、结构合理、定位明晰的现代化国家机场体系；干支结合、运输通用融合、有人无人融合、军民融合、一市多场等发展模式“百花齐放”；安全高效、绿色环保、智慧便捷、和谐美好的“四型机场”全面建成。

我国《“十四五”民用航空发展规划》中，运输机场重点建设项目规划见表 1-1。

“十四五”时期运输机场重点建设项目　　表 1-1

<table>
<tr><th colspan="2">性质</th><th>机场名称</th></tr>
<tr><td rowspan="3">续建（34 个）</td><td>新建（16 个）</td><td>成都天府、鄂州、邢台、绥芬河、丽水、芜湖、瑞金、菏泽、荆州、郴州、湘西、韶关、阆中、威宁、昭苏、塔什库尔干</td></tr>
<tr><td>迁建（6 个）</td><td>呼和浩特、青岛、湛江、连云港、达州、济宁</td></tr>
<tr><td>改扩建（12 个）</td><td>杭州、福州、烟台、广州、深圳、珠海、贵阳、丽江、西安、兰州、西宁、乌鲁木齐</td></tr>
<tr><td rowspan="3">新开工（39 个）</td><td>新建（23 个）</td><td>朔州、嘉兴、亳州、蚌埠、枣庄、安阳、商丘、乐山、黔北（德江）、盘州、红河、隆子、定日、普兰、府谷、定边、宝鸡、共和、准东（奇台）、和静（巴音布鲁克）、巴里坤、阿拉尔、阿拉善左旗</td></tr>
<tr><td>迁建（4 个）</td><td>厦门、延吉、昭通、天水</td></tr>
<tr><td>改扩建（12 个）</td><td>天津、太原、哈尔滨、沈阳、上海浦东、南昌、济南、长沙、南宁、重庆、昆明、拉萨</td></tr>
<tr><td rowspan="3">前期工作（67 个）</td><td>新建（43 个）</td><td>珠三角枢纽（广州新）、正蓝旗、林西、东乌旗、四平、鹤岗、绥化、宿州、聊城、周口、鲁山、娄底、防城港、遂宁、会东、天柱、怒江、宣威、元阳、丘北、玉溪、楚雄、勐腊、平凉、武威、临夏、和布克赛尔、乌苏、轮台、且末（兵团）、皮山、华山、衡水、晋城、金寨、淄博、滨州、潢川、荆门、贵港、内江、广安、商洛</td></tr>
<tr><td>迁建（15 个）</td><td>大连、牡丹江、南通、衢州、义乌、龙岩、武夷山、威海、潍坊、恩施、永州、梅县、三亚、攀枝花、普洱</td></tr>
<tr><td>改扩建（9 个）</td><td>石家庄、长春、南京、宁波、温州、合肥、郑州、武汉、银川</td></tr>
</table>

预计到2025年，全国民用机场数量将达到270个，航空运输总周转量达到1750亿t·km，地市级行政中心60min到运输机场覆盖率达到80%以上。

1.2 航站楼成套施工技术开发的必要性

随着经济的发展和国家对基础设施投资的增加，机场建设将成为国家投资的重点。在房屋建筑竞争日益白热化的情况下，大型公共建筑如机场等将是施工企业新的高盈利项目。

机场除了承担交通作用外，往往还肩负着代表一个城市形象、体现地区文化内涵的重任。中建自成立以来，承接了大量的机场航站楼工程。中建承建的航站楼项目见表1-2。

中建承接的机场航站楼工程列表　　表1-2

序号	工程名称	承建单位
1	阿尔及利亚布迈丁国际机场航站楼	中建八局
2	巴基斯坦首都伊斯兰堡机场航站楼	中建三局
3	北京首都国际机场T3航站楼及GTC	中建一局，中建八局
4	长春龙家堡机场航站楼	中建六局
5	长沙黄花国际机场新航站楼	中建八局
6	常德机场航站楼	中建五局
7	成都双流国际机场T2航站楼	中建三局、中建四局、中建八局
8	大连周水子国际机场T1/T2/T3航站楼	中建八局
9	大同机场航站楼	中建八局
10	广州新白云国际机场航站楼	中建二局、中建三局、中建四局、中建八局
11	贵阳龙洞堡国际机场航站楼	中建五局
12	贵阳龙洞堡国际机场扩建工程航站楼	中建八局，中建四局
13	海口美兰国际机场航站楼	中建八局
14	杭州萧山国际机场航站楼	中建八局
15	合肥新桥国际机场航站楼	中建八局
16	黄山机场航站楼	中建三局

续表

序号	工程名称	承建单位
17	济南遥墙国际机场航站楼	中建八局
18	揭阳潮汕机场航站楼	中建一局
19	昆明新国际机场航站楼	中建八局、中建三局
20	洛阳机场航站楼	中建二局
21	毛里求斯 SSR 国际机场航站楼	中建八局
22	南京禄口国际机场 T1/T2 航站楼	中建八局
23	南宁吴圩国际机场航站楼	中建八局
24	泉州晋江机场航站楼	中建八局
25	三民机场航站楼	中建八局
26	深圳宝安国际机场 T2/T3 航站楼	中建八局、中建三局
27	沈阳桃仙国际机场 T2/T3 航站楼	中建八局、中建三局、中建六局
28	石家庄国际机场改扩建工程航站楼	中建八局
29	天津滨海国际机场 T2 航站楼	中建八局
30	无锡机场改扩建工程航站楼	中建一局
31	武汉天河机场航站楼	中建三局
32	西安咸阳国际机场第二、第三航站楼	中建八局、中建三局
33	厦门高崎国际机场航站楼	中建二局
34	香港国际机场航站楼	中建总公司（香港）
35	徐州观音国际机场航站楼	中建二局
36	银川河东国际机场航站楼	中建八局
37	郑州新郑机场航站楼	中建三局

机场航站楼在设计上具有外观新颖、结构奇特、跨度大等特点。这给结构施工带来了极大的挑战，各地机场航站楼在施工中难免出现各种问题。但国内乃至国外都缺少机场航站楼建设方面的系统研究和技术支持，没有一套可供参考的完整的航站楼施工成套技术。因此，尽快研制出一套针对航站楼施工的成套技术，对于企业在类似的大型公共建筑领域的技术进步和经营发展具有深远的历史意义和迫切的现实意义。

2 功能形态特征研究

2.1 航空港功能分区

航空港的功能分区包括飞行区、客货运输服务区和机务维修区。

飞行区：为保证飞机安全起降的区域。区内有跑道、滑行道、停机坪和无线电通信导航系统、目视助航设施及其他保障飞行安全的设施，在航空港内占地面积最大。

客货运输服务区：为旅客、货主提供地面服务的区域。主体是候机楼，此外还有客机坪、停车场、进出港道路系统等。货运量较大的航空港还专门设有货运站。客机坪附近配有管线加油系统。

机务维修区：飞机维护修理和航空港正常工作所必需的各种机务设施的区域。区内建有维修厂、维修机库、维修机坪和供水、供电、供热、供冷、下水等设施，以及消防站、急救站、储油库、铁路专用线等。

2.2 航站楼功能分区

航站楼一般主体两层，局部三层，旅客进出港分流；一层为进港，设置国际、国内行李提取厅，设置 5～10 套行李提取转盘；二层为出港，设置国际、国内出港旅客办理手续厅（办票区和安检区）、候机厅、送客综合大厅。航站楼中央大厅两端的局部三层一般设置为公众餐厅、商店、办公用房及航空公司业务用房等；一楼安排进驻办公的单位和部门，有安检、公安、航空公司、保洁公司、广告公司、边防检查、海关、卫生检疫、动植物检疫等；二楼设置有国内航班候机厅、国际航班候机厅、头等舱候机厅，设有餐厅、茶座、书店、邮局、银行、综合商业柜台等服务设施；并设有中央监控系统、消防控制系统、离港计算机管理系统、LED显示系统、闭路电视系统等。

2.3 航站楼工程主要特点

大型机场航站楼一般设有主楼、连接楼以及指廊，指廊与登机桥连接；小型机场则将登机桥直接与主楼连接。航站楼主楼一般是地下一层（局部，功能为地下通道和设备机房），地上两层（有些局部有三层）；连接楼和指廊为地上二～三层。航站楼外观多为弧线造型，线条流畅优美；而室内一般跨度大、层高大，所以室内空间（特别是二层）非常开阔。

航站楼地上结构一般为钢筋混凝土框架结构（配预应力），部分构件采用型钢混凝土；屋盖为弧形钢结构桁架。墙面多采用玻璃幕墙、金属幕墙；屋面采用轻质金属屋面保温板、采光天窗等；顶棚采用矿棉吸声板、铝合金板材、纸面石膏板等；地面采用花岗石、地砖、水泥、地毯、防静电架空地板等；在地下室、卫生间等部位需要做防水。

2.4 航站楼工程主要结构形式

地基主要形式：基本上都采用桩基形式。

主体结构主要形式：多采用混凝土框架结构，一般地下一层，地上两层，局部有夹层。

屋盖主要形式：采用大跨度的钢屋盖，且绝大部分采用桁架形式。

2.5 航站楼工程施工特点和难点

航站楼工程施工大多具有以下特点和难点：

（1）平面尺寸大，建筑层高大，带来了大面积和大跨度、大空间施工难题，如大面积的回填土处理，大面积、超长混凝土结构施工，大跨度的钢屋盖结构施工，大面积的屋面防渗漏，大面积的玻璃幕墙安装等。

（2）建筑造型丰富，采用多曲线多曲面组合形式，施工测量定位、模板支设，以及钢构件制作、定位和安装等具有一定的技术难度。

（3）屋盖造型奇特，跨度大，结构形式多样，每个杆件尺寸都不同，安装精度要求高，钢结构加工、吊装、测量定位和拼接施工难度大；且受力情况复杂，往往在施工中处于不稳定状态，钢结构施工具有相当的难度。

（4）工程智能化程度高，设有火灾自动报警系统、消防喷淋系统、广播系统、计算机网络系统、安防监控系统、电话及闭路电视系统、灯光照明系统等，各系统实现集中控制、相互联动，施工难度大。

（5）建筑功能完善，涉及的施工专业多，施工中各专业交叉作业量大，给每个专业施工都带来了一定的难度。

（6）航站楼工程某些部位要求做成清水混凝土，模板选择、混凝土配制和浇筑都有一定的难度。

（7）混凝土结构内各种预埋件多，形状和位置变化大，预埋件测量定位和埋设以及混凝土浇筑困难。

（8）安全环保要求高，航站楼的旅客流量非常大，各种结构的安全性、材料的耐火性及环保要求高，大空间所有材料须达到耐火等级A级的标准。

2.6 航站楼工程设计特征及发展趋势

航站楼的设计特征主要体现在以下两个方面：

（1）由于机场航站楼具有服从于内部变化和外部发展的特征，因此航站楼设计要保持空间上的灵活性，以及局部或整体上的可扩展性。

（2）在航站楼内，处理旅客的各项手续，涉及航空公司对行李和登机检查，以及相关政府职能部门在安全、健康和移民等方面的控制，航站楼设计就需要从安全、健康和移民的角度，严格区分隔离区和非隔离区。这也是航站楼建筑设计有别于其他交通建筑设计的一个重要特征。

航站楼的设计发展趋势主要有以下三个方面：

（1）注重节能设计及绿色技术应用：节能设计主要包括被动式节能设计和主动式节能设计。

（2）智能技术下的航站楼整体环境控制及运营监测：智能楼宇管理系统一般包括建筑设备监控系统、智能照明监控系统、电力监控系统、交通设备监控系统。

（3）交通集约化模式渐渐兴起。

3 关 键 技 术 研 究

3.1 装配式塔式起重机基础技术

3.1.1 概述

装配式塔式起重机基础是将传统的十字梁基础、方形基础、方形与十字梁组合基础及墩式基础通过平面优化分块，工厂化预制成多块组合体，通过钢绞线、地脚螺栓等连接件组合拼装，形成一个八角风车形的整体基础。与桩基础相比，其主要优缺点如下：

1. 优点

（1）工期优势

装配式塔式起重机基础预制块提前预制，预制块进场后直接拼装，且拼装时间短，2～3h 内可拼装完成。

（2）成本优势

装配式塔式起重机基础通过租赁周转使用，桩基础和承台一次性投入，成本远远高于装配式塔式起重机基础。

（3）绿色环保优势

装配式塔式起重机基础可重复施工、无损耗、节约材料、无污染，充分显现了绿色节能的特点。

2. 缺点

装配式塔式起重机基础由于采用特殊的工艺技术，制造精度高，螺栓定位精确，螺栓孔距误差不大于 2mm，构件实现了无间隙拼装，拼装后整基构件总误差不大于 2mm，由于采用了塔式起重机基础的优化平面技术，提高了塔式起重机基础的抗倾覆能力，使用更加安全可靠。

装配式塔式起重机基础安全性很大程度上取决于回填土层的稳定性，通过高填土区密实注浆，优化垫层设计，结合装配式塔式起重机应用实例，根据现场实体承载力实验，该区域土质地基承载力满足装配式塔式起重机安装使用条件时，才可使用。

3.1.2 施工要点

施工流程为：地基处理及验收→混凝土垫层施工→装配式基础安装及验收→基础使用完成后拆除周转。

1. 地基处理及验收

（1）高填土区注浆控制

按照设计图纸，高填土区边坡采用钢花管注浆进行土体加固。钢花管成孔采用多功能锚杆钻机，钻杆与水平面成15°夹角，孔深依次为12m、10m、8m。成孔时严格控制孔位、孔径、孔深以及角度，以达到设计要求。插入钻孔的钢花管要求顺直、无锈。采用人工将钢花管推送到孔底。

用搅拌机搅拌配制水泥浆，设计水灰比为0.5～1.0。用压浆机对钢花管进行压浆，压浆强度M30，水泥浆压力要求为0.5～2MPa。根据回填土区土质特征、工程实际及工程经验，采用压力注浆，第一次采用0.5～0.8MPa，同时在孔口部位设置浆塞，注满后保持压力3～5min，注浆时，注浆管端部至孔底的距离不大于200mm，注浆管出浆口应始终埋入注浆液面内，应在新鲜浆液从孔口溢出后停止注浆。注浆后，当浆液液面下降时，应进行补浆，在初凝前再采用2MPa压力补浆1次。

在确定好塔式起重机位置后，调整竖向钢花管位置，但该区域数量不少，改为斜向插入土体进行注浆加固土体。

（2）地基检查及验收

待水泥浆强度达到设计强度的100%后，进行高填土区开挖，向下开挖500mm，视情况换填连砂石，分层夯实，检测地基承载力，地基承载力特征值必须不小于 120kPa，检测合格后进行垫层施工。

2. 混凝土垫层施工

垫层采用 C30 混凝土，内配 HRB400ϕ12@200mm×200mm 双向单层钢筋网片，垫层平面尺寸须不小于 7000mm×7000mm，厚度 35cm，表面水平度不大于 5mm，铺设 5～10mm 细砂滑动层。

3. 基础安装

（1）安装前准备

1）张拉用千斤顶和压力表应配套标定、配套使用。张拉设备的标定期限不应超过半年；当张拉设备出现不正常现象时或千斤顶检修后，应重新标定。

2）吊装预制件时应设专人指挥，预制件起吊应平稳，不得偏斜和大幅度摆动。

3）在张拉或拆除钢绞线时，严禁在基础梁两端正前方站人或穿越，工作人员应位于千斤顶侧面操作。

4）采用水平仪检查素混凝土垫层的平整度及砂垫层的厚度；清理各构件垂直连接面，不得有任何附着物；清理抗剪键及钢绞线水平连接孔管，确保孔管畅通；抗剪键凹凸件涂满黄油。

5）对组织拼装人员进行技术交底。

（2）安装工艺流程

构件吊装工艺流程如图 3-1 所示。

1）吊装中心件：基础中心件位于基坑斜 45°中心位置。安装过程中不要破坏砂垫层。保证其他构件间高差、平整度满足设计要求。

2）吊装过渡件及端件：按平面位置依次进行检查、涂黄油、就位。将待装的构件吊起，与已就位的构件靠近，并使吊装上的抗剪键凸件对上已就位的凹件，稳住构件，用撬棍支撑于构件的下部，对准中心线，将抗剪键凸件插入凹槽，使吊装件与就位件间的缝隙小于 8mm，构件间高差不大于 2mm。

3）钢绞线张拉

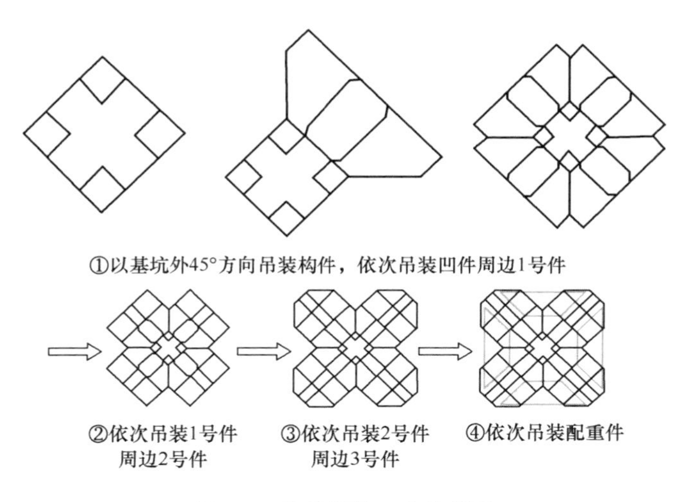

图 3-1　构件吊装工艺流程图

① 穿钢绞线：检查各构件的中心位置是否在轴线上，如有偏差，用撬棍顶压；将承压板贴紧张拉端和固定端件的孔道，逐根穿入钢绞线。备好 PE 管，以便套裹张拉端外露的钢绞线时使用。

② 接好油泵电源，开始试运转，检查千斤顶工作性能是否良好。

③ 构件的水平合拢：空拉，不装工作锚夹片，使千斤顶顶住承压板，端平千斤顶，启动油泵，千斤顶工作，用钢绞线张拉力把各构件合拢到构件间垂直面无间隙，然后退张。

④ 正式张拉钢绞线：根据设计的预应力值，严格控制油泵压力表读数，每根钢绞线受力须一致。张拉完后，再复查钢绞线受力是否相同。

⑤ 再次检查基础表面的水平度，当有 20～40mm 高差时，用 C15 高强度干硬性的水泥砂浆找平。安装完成后，检查基础表面高差，要求水平度小于 1%。

（3）施工注意事项

1）预制件的中心位置应与轴线重合，预制件的拼接面缝隙内不得有杂物。

2）拼装连接索张拉首先应进行合拢张拉，待拼装构件完全合拢后再进行正式逐根对称张拉；张拉时应严格控制油泵压力表值，读数偏差不得大于0.5MPa，张拉过程应由监理人员现场监督，并填写拼装连接索张拉施工记录表。

3）张拉后，各预制件的拼接应严密，预制件拼接面缝隙不应大于0.2mm，构件间的高差不应大于2mm。

4）拼装连接索的锚具及保留的钢绞线外露部分应设置全密封的防护套，在套上防护套之前应先在锚具外露钢绞线上涂覆油脂或其他可清洗的防腐材料。

5）配重块应搁置于基础边缘，中部应悬空，并与基础有可靠连接；配重块搁置未达到设计配置的总重量前，不得安装塔式起重机。

装配式塔式起重机基础实体照片如图3-2所示。

图3-2　装配式塔式起重机基础实体照片

4. 基础使用结束后材料回收

（1）预制塔式起重机基础拆除流程

预制塔式起重机基础拆除流程如图3-3所示。

（2）预制塔式起重机基础拆除注意事项

1）基础上方的塔式起重机拆除完毕，顶部回填材料清理后，张拉端、固定端头留出足够的工作面时，方可进行拆除。

2）退锚时工作锚具锚环不应小于200mm，退锚拉力应缓慢增加，当夹片

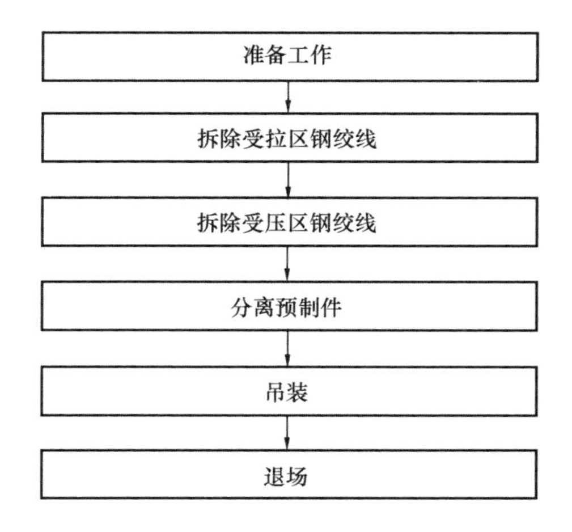

图 3-3　预制塔式起重机基础拆除流程图

退出 2～3mm 后，即刻用专用工具拨出，不得用手取出。

3）退锚时钢绞线最大拉力不应大于 0.75f_{ptk}，钢绞线全部抽出以前不得拆除预制塔式起重机基础。

4）预制件之间连接面、定位剪力键凹孔处不得有杂物，并应按预制件的编号进行堆放。

3.2　机场航站楼超大承台施工技术

3.2.1　概述

近年来，大体积混凝土在航站楼工程中应用越来越广泛，且承台施工过程中大体积混凝土的应用已经使其成为一种单独的工程类型。超大承台在施工过程中会遇到很多因素的干扰，形成不同类型的病害。为避免病害的发生，保证航站楼的施工质量，技术人员需明确施工质量控制要点，保证施工方法切实可行，切实进行质量、安全等方面的管理。

3.2.2 施工要点

3.2.2.1 超大承台基础结构施工难点

（1）由于承台截面尺寸大导致模板爆模风险高、成型质量难以控制，需作为施工重点控制。

（2）超大承台盖筋总重量大，普通钢筋马凳无法支撑，给技术措施带来一定难度。

（3）超大承台属于大体积混凝土施工，相对裂缝控制要求高，需作为施工重点控制。

（4）超大承台属于钢管柱承台，需先进行钢柱预埋锚栓施工，无法实现常规的一次性承台浇筑，施工前需先对该承台的浇筑方式进行工序深化。

3.2.2.2 施工方案选型

目前超大承台通常采用钢板桩护壁砖胎膜施工方式，根据工程特点分析：

（1）局部超大承台与相邻承台间隙过小，钢板桩无法发挥支护作用。

（2）超大承台位于基坑内部，工期进度紧，运输道路无法保留，导致后期钢板桩无法拔除，相对成本费用增加。

（3）超大承台开挖深度大，砖胎膜砌筑高，浇筑混凝土时侧向力大，导致砖胎膜施工工艺存在极大安全隐患。

故选用放大承台开挖及支模施工方式。

考虑到承台基础尺寸大，对模板的强度、刚度要求非常高，为了保证承台基础施工质量，加快承台整体施工进度，选用定型组合钢模板（其平面布置如图 3-4 所示）对超大承台进行支撑与加固。

相比于传统的木模板和旧式的钢模板，定型组合钢模板具有以下优点：

（1）制作精度高。拼缝严密，刚度大，不易变形，成型的混凝土结构尺寸准确，密实光洁。

（2）组合刚度大。板块错缝布置，拼成的面板平面整体刚度大。

（3）使用寿命长。部件强度高，耐久性好，能快速周转，若妥善维护，可

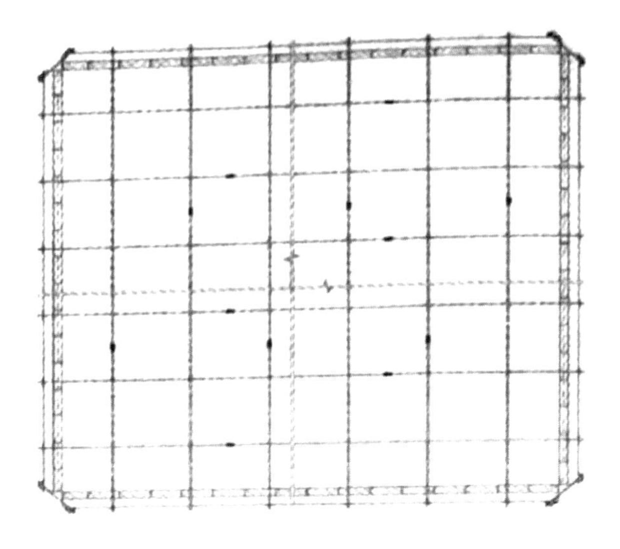

图 3-4　组合钢模板平面布置示意图

成为永久用工具。

（4）应用范围广。其适用于不同的工程规模、结构形式和施工工艺平板模板，可就地拼装、整体吊装等。

3.2.2.3　施工流程

超大承台施工流程如图 3-5 所示。

3.2.2.4　保障措施

1. 针对常规对拉螺杆长度无法满足超大承台截面尺寸的处理措施

为了保证超大承台模板加固质量及降低采用传统对拉螺杆焊接不牢导致的爆模风险，需提前对对拉螺杆进行技术改良，改良措施如下：采用三段式定制对拉螺杆，中间固定端螺杆长度不满足截面尺寸时采用定制套筒相连来降低连接安全风险。

2. 针对钢管桩需先进行埋件预埋，再进行钢柱安装，混凝土无法一次性成型的处理措施

采用混凝土分层浇筑，第一层浇筑至钢柱预埋锚栓板底，待钢柱安装完成

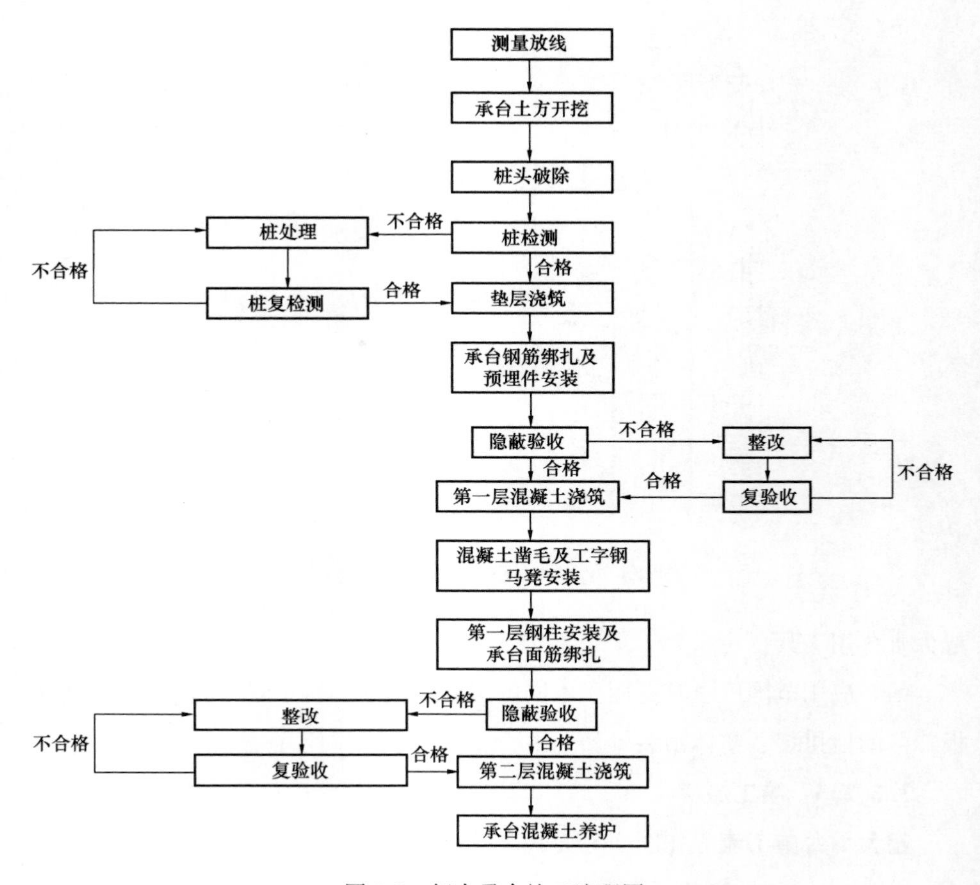

图 3-5　超大承台施工流程图

后浇筑第二层混凝土至承台顶。解决了钢结构安装与承台混凝土浇筑的冲突。

3. 针对常规钢筋马凳无法支撑超大承台盖筋重量的处理措施

在底板上弹线，画好钢筋间距、预埋锚栓的位置线，按画好的间距依次绑扎板底钢筋、预埋锚栓。用同强度等级的混凝土垫块按间距呈梅花形布置。经计算采用工字钢焊制上层钢筋支撑架，支撑点间距按正方形设置。

4. 混凝土结构裂缝控制措施

在承台施工之前，为了保证承台混凝土质量，主要采取原材料质量控制、入模温度控制、浇筑时间选择及养护保温措施。

（1）原材料质量控制：在混凝土加工前，严格对原材料进行试验检查，确保混凝土加工所用砂的含泥量不大于3%，石子的含泥量不大于1%。

（2）入模温度控制：对合格的骨料进行隔热遮阳，使用前进行淋水降温。混凝土搅拌使用的水应先进行加冰降温，确保到场浇筑时入模温度不大于30℃。

（3）浇筑时间选择及养护保温措施：计划浇筑前参考近期气象情况，对预计浇筑时间进行估算，优先选择夜间浇筑。浇筑完毕后12h内进行保温布覆盖及蓄水养护。

3.3 航站楼钢屋盖滑移施工技术

3.3.1 概述

大型公共建筑中使用的钢结构通常具有跨度大、重量大、安装高度高、建筑造型复杂等特点，且与混凝土结构存在交叉施工，因此，如何根据结构形式及工程项目的场地条件，充分利用国内或本地区现有的起重设备，并结合现代信息技术、确保安全可靠、经济合理的大跨度大空间钢结构安装施工技术，仍然是建筑技术界的重要课题之一。

滑移法施工，是指先用起重机械将分块单元吊到结构一端的设计标高上，然后利用牵引设备将其滑移到设计位置进行安装。这种安装方法有利于施工平行作业，特别是场地窄小，起重机械无法出入时更为有效。这种新工艺在大跨度桁架结构和网架结构安装中经常采用。

3.3.2 施工要点

结合施工现场条件限制，采用双胎架分组滑移安装工艺，使拱架在安装过程中受力均匀，不易产生变形，拱架在胎架操作平台上用沙漏调节标高，稳固措施易实施，安装准确方便，精度能得到保证。地面拼装和滑移形成流水作业，施工布局、周期安排合理。施工工期及质量能得到保证。安装时，布置 2 台 300t 的起重机（东、西各 1 台），起重机北面进行构件的地面拼装，将工厂加工的构件采用拼装胎架拼装成较大的构件，以减少高空拼装及焊接。在 ±0.000m上布置 4 根轨道及固定胎架、滑移胎架，在＋5.820m 上布置 3 根轨道及滑移胎架。拱架每两榀为一组，将地面拼装成较大的构件吊装至滑移胎架上，组对、焊接，并连接好两主拱之间的檩条，使拱架形成一个稳定体。单元组装合格后，连同胎架一起等标高滑移到南端，采用沙漏将主拱释放到设计标高，然后将拱脚与安装好的抗震支座连接。将胎架返滑到起点位置，修改滑移胎架高度，为下一次滑移作准备。安装顺序为：11B 与 12、12B 与 13、13B 与 14、14B 与 15、15B 与 16、16B 与 17、17B、南斜拱、北斜拱。单元与单元之间的檩条用 2 台 50t 起重机完成，形成连续跨。最大单元滑移质量约为 700t。如图 3-6所示。

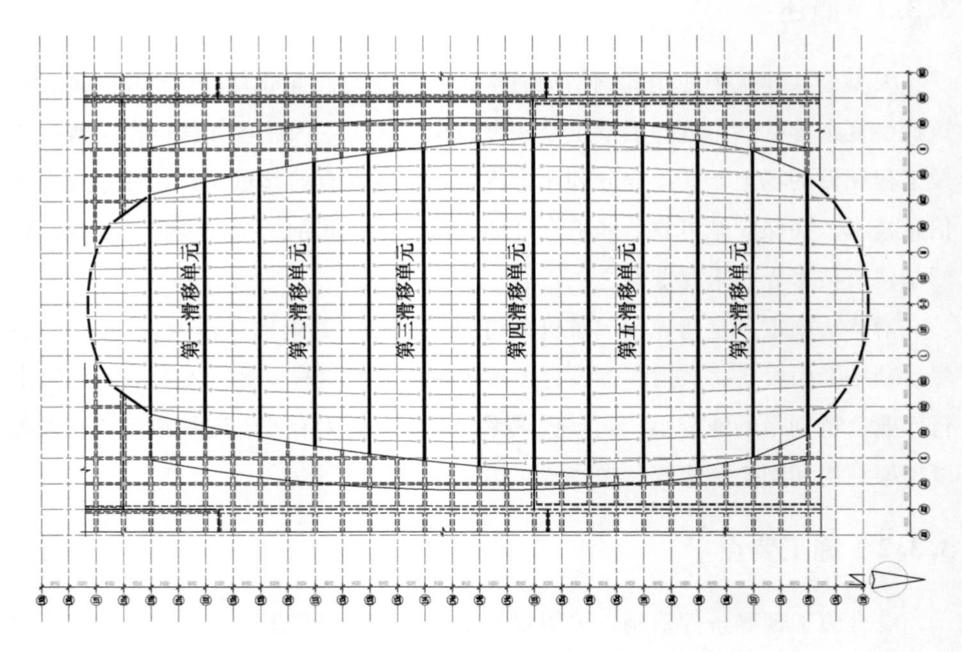

图 3-6　GTC 屋架分单元

3.4 航站楼大跨度非稳定性空间钢管桁架“三段式”安装技术

3.4.1 概述

空间桁架断面是由 3 根钢管作为弦杆组成的倒三角形，桁架的弦杆是具有相同轴心的圆环上的圆弧。两边的门架柱由 4 根钢管组成，其中内侧的 2 根各支撑在 1 个上弦节点上，外侧的 2 根支撑在同一个下弦节点上；中间支柱是由 4 根圆钢管组成的 V 字形，分别支撑在 2 个下弦节点上。每榀桁架本身是 1 个稳定的超静定结构。钢桁架平面布置如图 3-7 所示。

由于屋面的双曲结构形状，使得主桁架并不与地面垂直，而是按其所在的位置与地面偏转一定的角度，在安装过程中，钢结构系统未形成稳定体系前，必须要认真考虑稳定支撑的措施。

沿屋盖的跨中支柱设置了上弦水平支撑，沿周边玻璃幕墙设置了空间抗侧力连系桁架。

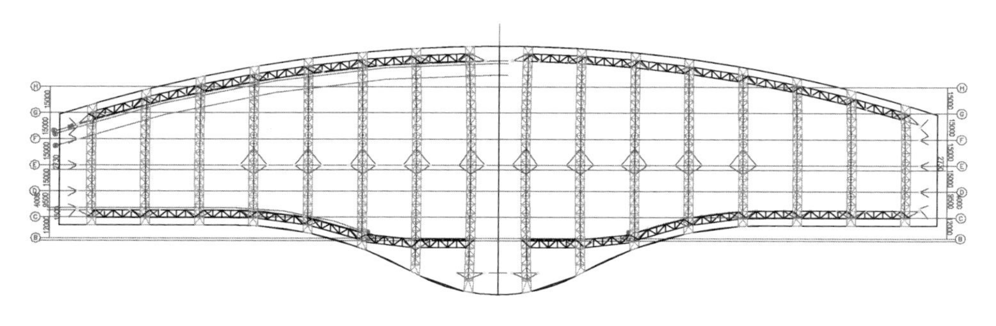

图 3-7 钢桁架平面布置图

经过多方论证、比较与计算，糅合了地面拼装、整体吊装、分段吊装、满堂脚手架高空散装等安装工艺与方案的优点，工程针对主桁架的具体特点，创造性地提出了“三段式”综合安装工艺，即在综合考虑吊装机械、安装工期、吊装成本、吊装安全性等各方面因素后，将主桁架的安装分成一个中间段、两个边段三部分进行；中间段采用搭设满堂脚手架进行高空散装，两个边段在地面拼装完成，待中间段高空拼装完成后，用大型起重机吊装边段与中间段对接。

主桁架安装段的划分原则是在大型起重机起重性能允许的前提下，尽可能加大边段的长度，减少中间段的长度。这样，既可以提高拼装效率、充分利用大型起重机的起重能力，又可以减少脚手架搭设工作量、降低成本。

3.4.2 施工要点

具体安装程序为：脚手架搭设→桁架中间段拼（安）装→桁架边段起吊、就位→组对、焊接→UT 检验。

3.4.2.1 吊装方案的确定

对于大跨度桁架的吊装分为整体吊装和分段吊装。整体吊装进度快，高空作业量少，但机械选型大；分段吊装机械选型小，吊装时构件稳定性好，但高空作业量大，工装数量多，工期较长。结合某工程的特点，决定采取如下方案：主桁架 T-4（a）～T-8（a）采取三段式安装，T-2（a）～T-3（a）采取两段式安装，T-1（a）采取整体安装。吊装单元划分见表 3-1。

吊装单元划分 **表 3-1**

主桁架名称	拼装段的划分（上弦弧长，m）			拼装段的质量（t）			
	陆侧	中间段	空侧	陆侧	中间段	空侧	合计
T-8、T-8a	50	67	28	33.55	44.96	18.79	97.30
T-7、T-7a	43	64	27	28.98	43.14	18.20	90.32
T-6、T-6a	35	56	25	23.70	37.90	16.93	78.53
T-5、T-5a	30	42	30	20.49	28.69	20.49	69.67
T-4、T-4a	30	38	25	19.98	25.31	16.65	61.94

3.4.2.2 主要施工工艺

1. 桁架中间段拼（安）装

（1）安装顺序

下弦杆安装定位（从屋脊线处向两边安装）→上弦杆安装定位→水平杆安装就位→斜腹杆安装就位。

（2）桁架中间段安装及吊装机械选型

1）桁架中间段安装采取杆件吊装、拼装的方案，杆件最长按 20m 一根考虑，单重约为 4t，中间附近采用 300t 汽车起重机和 150t 履带起重机吊装。腹杆在现有土建塔式起重机作业范围内的可用塔式起重机吊装，其余用起重机集中吊装。

2）用于支撑桁架的胎具架搭设前要编制详细的施工方案，所有数据必须经过准确计算。

3）桁架弦杆对接处采取管子 V 形坡口和内加衬管的措施，以保证接头的焊接质量。为防止应力集中，上下弦杆的接口要错开 200mm。

4）为便于对接和调整，管接头处可用捯链调整，管接口两边设置连接卡具。

（3）吊索具的选择

可选用 ϕ30－6×37＋1－1550 的钢丝绳，钢丝绳主要参数见表 3-2。

钢丝绳主要参数 **表 3-2**

钢丝绳公称直径（mm）	钢丝绳近似质量（kg/100m）	钢丝绳公称抗拉强度（MPa）	
		1550	1700
26.0	235.9	318.6	349.7
28.0	276.8	374.3	410.4
30.0	321.1	433.8	476.0

2. 桁架边段安装

（1）技术参数

1）桁架陆侧、空侧边段的安装要在中间段安装定位后才能开始，桁架陆侧、空侧边段技术参数见表 3-3。

桁架陆侧、空侧边段技术参数 **表 3-3**

桁架名称		长度（m）	质量（t）	组对段数
T-8、T-8a	陆侧	50	33.55	2
	空侧	28	18.79	1
T-7、T-7a	陆侧	43	28.98	2
	空侧	27	18.20	1
T-6、T-6a	陆侧	35	23.70	1
	空侧	25	16.93	1
T-5、T-5a	陆侧	30	20.49	1
	空侧	30	20.49	1
T-4、T-4a	陆侧	30	19.98	1
	空侧	25	16.65	1

2）平面布置

构件平面布置如图 3-8 所示。

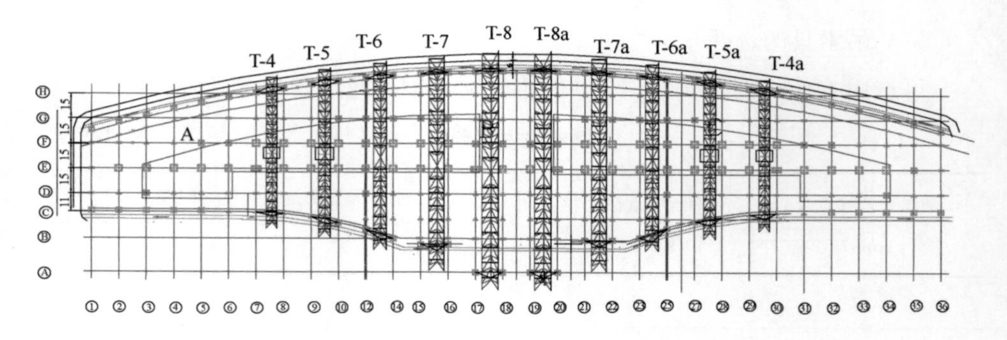

图 3-8　构件平面布置示意图

（2）桁架边段的安装工艺

1）施工程序

安装＋7.035m 平台上支承架（ϕ325）→安装边柱处支承架→安装 V 形柱→两段桁架现场拼装（平拼）→两机抬吊（空侧采用一台起重机）→桁架空中转位→桁架就位→焊接、检验。

2）测量要求

① 在楼面上测量好边柱中心至整段水平距离，相互之间对接拼装点。

② 测量好散装段端头在脚手架上的标高。

③ 测量好散装段 3 根弦杆对接钢管相互之间的几何尺寸。

④ 测量好陆侧边段（2 段拼装好后）上下弦杆各自的弧长和弦长。

⑤ 测量好在楼面脚手架上散装段的上下弦杆端头截断的位置（长度）。

3）支承架安装

支承架由 $\phi325\times7$ 的螺旋焊管组成，每组 3 根钢管，相互之间用工字钢工 14 连接，为方便拆卸，钢管连接处可设置成法兰连接，如图 3-9 所示。在 +7.035m平台上组焊，用现场的 150t 起重机吊装。

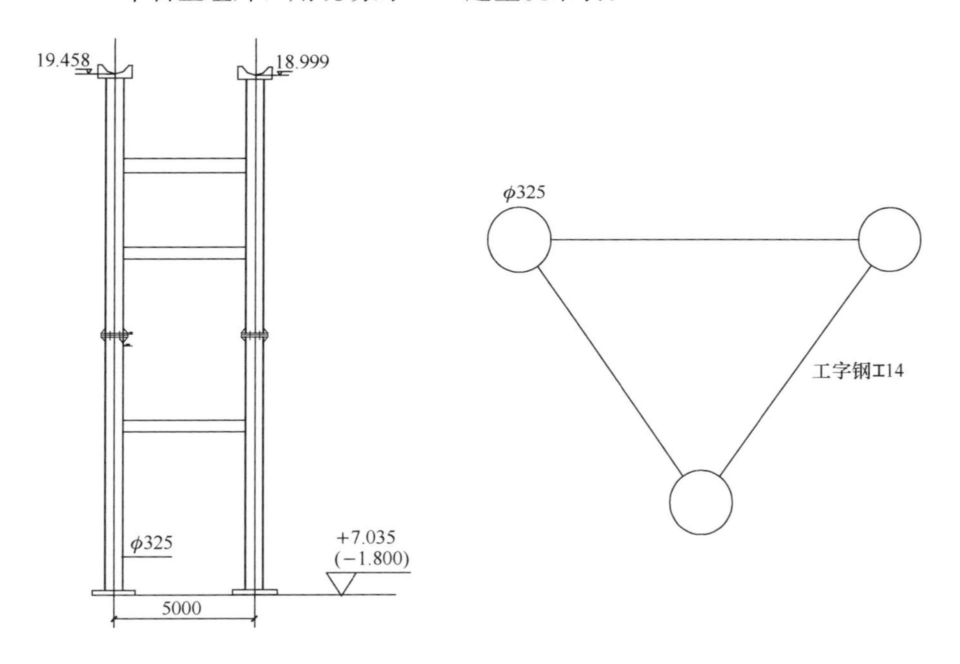

图 3-9 钢管支承架

由于钢管支承架承受的集中荷载较大（20t），所以，钢管下部不仅要增加钢板，还要在 +7.035m 平台下进行加固。加固采用脚手架，地面铺设木跳板，脚手架上部用木方和木跳板。脚手架要用底托和顶托进行调整、拧紧。脚手架管的布局及间距尺寸如图 3-10 所示。

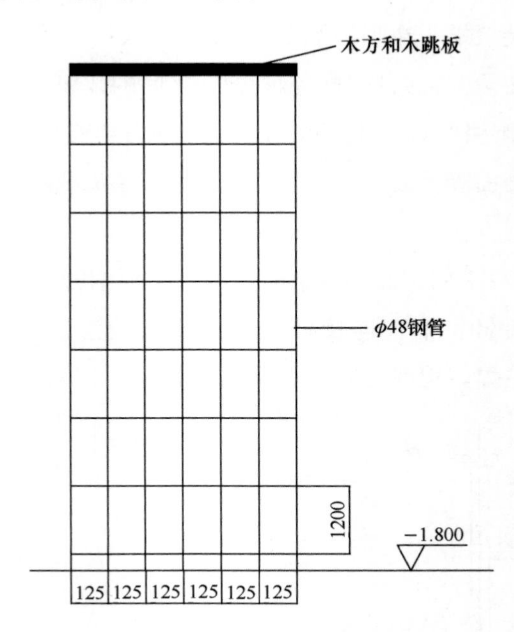

图 3-10 脚手架管的布局及间距尺寸示意图

4）边段钢桁架与中间段钢桁架接头处支撑稳定性验算

边段钢桁架与中间段钢桁架接头处支撑选用 2 根 ϕ325×8 钢管分别支承钢桁架 2 根上弦杆，1 根钢管支承钢桁架下弦杆。对边段钢桁架与中间段钢桁架接头处支撑进行稳定性验算，结果符合安全要求。

5）边段桁架地面拼装

陆侧边段整长 52m，由于受胎具长度的限制，加工厂组对时，将桁架分成 2 段拼焊（一段为 30m 左右，另一段为 22m 左右），再将 2 段用拖车运至安装现场，在地面将 2 段桁架侧放在 17～18 轴边柱基础外侧。桁架放置时，一根上弦杆和一根下弦杆水平放置在已找平的枕木上。

拼接时，要对桁架 2 段的弧度、弦杆端头间距、水平度等进行测量调整，然后将 2 段拼焊。

2 段拼装时严格控制 3 根弦杆的弧度应圆顺过渡，不得有明显的旁弯或拼接处凸起、凹陷等现象。

焊接时，要将弦杆对接口点焊，等腹杆和面杆拼装点焊好后，再焊接弦杆的对接焊缝，然后焊接腹杆和面杆的相贯焊缝。

2 段拼装完后，要认真测量整段的几何尺寸，特别是 3 根弦杆的弧度、弧长、拱高和端头构件间距尺寸。所有数据要做好详细记录，以备空中对接时使用。

6）吊装

吊装用两机抬吊，一台 300t 汽车起重机，一台 150t 履带起重机。300t 起重机吊东侧，150t 起重机吊西侧，如图 3-11 所示。

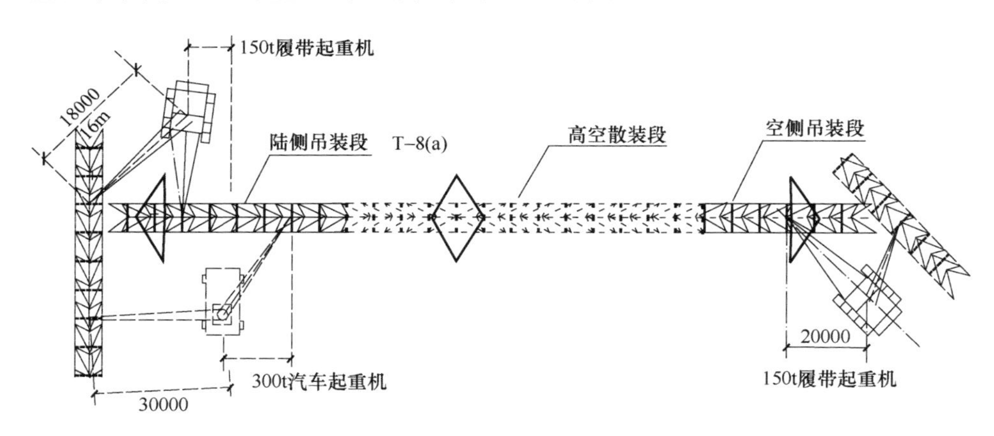

图 3-11 吊装平面示意图

钢桁架吊装采用 8 点式捆绑吊装，主机和尾机各用 2 根 $\phi30$ 的钢丝绳扣捆绑吊装。主起重机性能表提供的参数为回转半径 30m，提升高度 32.1m，臂长为 52.5m 时，按 75%的功率计算，其允许起吊重量为 20.6t。尾部采用 150t 履带起重机随着钢桁架起吊后行走，使钢桁架从主起重机的吊臂腋下通过，并不得碰撞到为 V 形边柱安装设置的脚手架。待钢桁架通过主起重机的吊臂腋下后，两台起重机马上起杆、起钩，使钢桁架平稳提升超越边柱脚手架高度，整个提升过程由 4 根牵引绳控制钢桁架稳定。作业过程中主指挥站在楼面指挥，2 名副指挥将起重机随钢桁架空中旋转要求，使各人所指挥的起重机相互配合动作，完成钢桁架提升越过脚手架高度，此时稍作稳定钢桁架，主指挥上高空脚手架上，2 名副指挥上楼面，协调指挥钢桁架吊装就位。

钢桁架吊装设 3 名吊装指挥（其中 1 名为主指挥，2 名为副指挥，并设 2 名起重机看护员），主指挥主要负责起吊后的桁架在空中转向，空中对接拼装，指挥 2 名副指挥使起重机司机按主指挥要求进行吊装作业操作，2 名副指挥按主指挥的要求，协调各自指挥的起重机配合作业。

空侧边段钢桁架吊装采用 150t 履带起重机单机吊装，吊装采用 2 根 ϕ30 钢丝绳，4 点式起吊，捆绑绳扣时计算好吊装重心位置，使钢桁架在吊装时基本满足安装时的倾斜角度。吊装前钢桁架两端设置好 4 根牵引绳。

钢桁架翻身：由于钢桁架在地面侧身放置，吊装时要将钢桁架由侧身翻转成两根上弦杆向上（拱朝上）的安装状态，钢丝绳扣捆绑位置都在上弦杆上，起吊时两根上弦杆都受力均匀，另外设置一台 50t 起重机吊住下弦杆同时起钩，钢桁架此时还没有翻身，待钢桁架侧身起升到翻身的高度（约 6m 高度）时，缓慢下落 50t 起重机主钩，150t 起重机主钩继续提升，直至钢桁架平稳翻身（上弦杆拱朝上），然后起重机转杆把钢桁架吊装就位。

吊装索具和卡环选择：主吊装钢丝绳扣采用 ϕ30（37×9+1）的钢丝绳制作，两端插好绳扣环后的长度应有 300mm，相互插绳扣的长度为钢丝绳直径的 8 倍，每股钢丝绳插入次数不得少于 6～8 次，为达到钢丝绳制作好后的实际长度 12m，钢丝绳下料的长度为 13.5m，共需制作 4 根钢丝绳扣，需要 ϕ30（37×9+1）的钢丝绳 54m。卡环规格选择为 16～20t，共计 8 只，吊装索引麻绳 ϕ20 共计 100m。

钢桁架起吊时上弦杆强度验算：受力部位为上弦杆，正常起吊时最大起重量为 11t，就位时最大起重量为 12t。上弦杆为 ϕ457×12，面积为 165.04cm^2，容许强度为 315MPa，则容许起重量为 $N_{容}=51987\text{N}=51\text{t}$，$N_{容}>N$，说明吊点部位杆件的强度能满足吊装要求。

7）桁架就位、焊接

桁架就位后，开始管段的对接。弦杆的对接要采用专用卡具和龙门架、捯链来调整接口。管段的中心线、弧度、对口间隙等调整好后，将管口点焊。这时，300t 起重机可以松钩，但不摘钩，150t 起重机可以摘钩。

焊接时，3 个弦杆对接口需要 3 个焊工同时焊接；与此同时，边柱与桁架连接铰座的焊接处要有 4 个焊工同时对称施焊。

等桁架与 V 形柱以及弦杆对接口焊接完毕后，再摘取 300t 起重机吊钩。

3.4.2.3 钢桁架结构安装的允许偏差

钢桁架结构安装的允许偏差见表 3-4。

钢桁架结构安装的允许偏差　　表 3-4

项目	允许偏差（mm）	检验方法
主桁架长度	±L/2000，且不大于 30.0	用钢尺实测
柱顶支座偏移（跨向）	±L/3000，且不大于 30.0	用钢尺和经纬仪实测
柱顶支座偏移（开间向）	—	—
相邻支座高差	±L/800，且不大于 30.0	用钢尺和水平仪实测
节点杆件轴线交点错位	±3.0	—
主桁架垂直度（跨中）	±h/250，且不大于 10.0	—
主桁架上弦顶面标高	±10.0	—

注：L 为跨度；h 为跨高。

3.5 航站楼“跨外吊装、拼装胎架滑移、分片就位”施工技术

3.5.1 概述

随着现代建筑对施工水平的要求不断提高，施工工艺上的变革成为必然，滑移、整体提升、架桥接装等以往用于桥梁、构筑物建造的工艺开始应用于大跨度结构的施工中，并取得了可观的经济效益和社会效益。

滑移法具有广泛的适用性。除单向桁架外，对于结构刚度较小的双向桁架或网架通过增加支撑点（减小跨度）、加大组装平台宽度、增加平台上同时拼装桁架的数量，同样可以采用滑移法安装。

大跨度屋盖钢结构胎架滑移工法概括起来是：结构直接就位在设计位置，垂直起重设备和胎架沿屋盖结构组装方向单向移动，通过滑移胎架和行走起重机完成屋盖结构的安装。

3.5.2 施工要点

3.5.2.1 方案选择

1. 方案设计

某工程从成本、工期等角度综合分析，设计出以下三个方案：

方案一："高空拼装、单元滑移、分片累积滑移就位"

基本思路是：在航站楼（14）轴线一侧布置1台K50/50行走式塔式起重机，利用ϕ48×3.5脚手架钢管在航站楼一端搭设22m×110m滑移拼装胎架，并沿（A）、（D）、（G）轴布设滑移轨道（43kg/m），其中（A）轴滑移轨道安装在托架梁上，（D）、（G）轴滑移轨道安装在+7.00m楼面的滑移承重架上，T-1、T-2各分段桁架通过行走式塔式起重机吊装到拼装胎架上进行组对、校正、焊接及屋面檩条、系杆的安装（根据需要可将屋面板、采光带等安装好），将拼装好的分片桁架（4～6榀）落放在（A）、（D）、（G）轴三条轨道上，通过设置在+7.00m楼面上的3台8t改装卷扬机进行分片累积滑移就位。

方案二："跨外吊装、拼装胎架滑移、分片就位"

基本思路是：在+7.00m楼板上搭设9座滑移拼装胎架，（A）、（D）跨间的6座滑移拼装胎架间设置3座辅助滑移拼装胎架，分段桁架利用陆侧的K50/50行走式塔式起重机和空侧的100t履带起重机吊装到滑移拼装胎架上进行整榀组对、校正、焊接及屋面檩条、系杆和摆式杆的安装，检测达到设计及规范要求后拆除钢顶撑，使桁架就位在（A）、（D）、（G）轴线上。滑移拼装胎架按上述程序依次进行各榀主桁架的组装、就位及屋面檩条、系杆的安装

（根据需要可穿插进行屋面板及采光窗等的安装）。

方案三：总体思路与方案二相同，不同之处是将滑移拼装胎架架设在±0.00m进行主桁架及屋面檩条、系杆的组对与安装，与方案二相比，方案三有以下三个方面的缺陷：

（1）+7.00m楼板后施工，（A）、（D）（G）轴的钢柱长细比更大，其刚度与稳定性更差，需采取相应的加固补强措施，才能保证主桁架在安装落放过程中的安全与质量，工期与成本均需相应增加。

（2）滑移拼装胎架高度增加了7m，不仅总质量增加近80t，成本增加近12万元，关键是胎架在滑移过程中的稳定性较差，桁架拼装质量不易保证，加固措施与水平滑移难度增大，工期增加，不利于总体施工进度。

（3）+7.00m楼板后施工屋盖钢结构先施工的作业顺序，一、二层各工序间交叉作业难以及时展开，安全不易保证，对钢结构制作工期与进度的要求相当紧凑，一旦出现钢结构制作无法满足现场拼装及吊装进度时，整个工程的施工将处于停滞状态，不仅会延缓+7.00m楼板及预应力张拉的施工时间，更主要的是屋盖钢结构施工完后，配合土建及其他专业工程施工的现场塔式起重机的作用与工效将大大降低，土建几千吨施工材料的垂直与水平运输将严重受阻，如采用屋面留洞进行垂直运输，不安全因素太多。因此方案三比方案二在安全、质量、工期与成本等方面都具有更多的不确定性，存在着很大的施工风险。

2. 方案比较

本着“安全、优质、高速、低耗”的原则，对方案一与方案二从安全可靠、质量、工期及施工成本方面进行了认真的分析与比较：

（1）在安全可靠性及质量控制方面

如采用“高空拼装、单元滑移、分片累积滑移就位”方案，格构式钢柱在滑移摩擦力及侧向推力作用下需进行加固处理，摆式杆与主桁架及（D）轴格构式钢柱均采用铰接，长细比达134，给分片累积或整体滑移带来了许多安全隐患，且T-1、T-2两榀主桁架间仅通过2根219×8钢管过渡，檩条大多为薄壁C形檩条，滑移时的整体刚度与整体稳定性均无法保证。

如采用“跨外吊装、拼装胎架滑移、分片就位”方案，主桁架始终处于静止状态，且主桁架在成型前均支撑在组装胎架上，待主桁架、摆式杆、屋面檩条等联系杆件均按设计及规范的要求安装无误，形成整体刚架并通过摆式杆及支座安装在（A）、（D）、（G）轴四肢格构式钢柱上后，才拆除主桁架拼装胎架上的顶撑系统。从而保证了主桁架及屋面檩条、系杆等所有钢结构构件的安装精度和质量，消除了因内外力作用给格构式钢柱、主桁架及摆式杆等造成的破坏，不利于提高屋盖钢结构施工的安全与质量。采用滑移方案时，受布置于航站楼一端的行走式塔式起重机的影响，需将A区（或C区）指廊的二层楼板分隔开，给+7.00m楼面也带来了不安全的隐患。

（2）在总体施工进度方面

“高空拼装、单元滑移、分片累积滑移就位”方案与本工程所采用的“跨外吊装、拼装胎架滑移、分片就位”方案的共同之处在于两种方案都是在拼装胎架上完成主桁架、摆式杆及檩条等屋面构件的组对与安装，两种方案都将主桁架T-1、T-2分为5段，主桁架在拼装胎架上组对接头数量是一致的。因此，主桁架T-1、T-2及屋面檩条、拉杆等在高空组对及安装同期基本相同，采用“跨外吊装、拼装胎架滑移、分片就位”方案时，只需在+7.00m楼面上对3组拼装胎架进行滑移即可，节省了大量的牵引系统、钢丝绳换位及格构柱、主桁架、摆式杆加固等工作量，大大缩短了滑移的时间；而且拼装胎架的滑移与钢屋盖分片累积滑移相比既快捷又易于操作，从而可加快整个钢结构的总体施工进度。通过对两种方案施工周期的比较，采用“高空拼装、单元滑移、分片累积滑移就位”方案，整个钢结构的施工周期约为120d，而采用“跨外吊装、拼装胎架滑移、分片就位”方案，整个钢结构的施工周期为90d左右，比“高空拼装、单元滑移、分片累积滑移就位”方案缩短工期30d（注：采用“跨外吊装、拼装胎架滑移、分片就位”方案整个钢结构的施工工期90d是按搭设一组滑移拼装胎架来考虑的，如搭设两组滑移拼装胎架进行主桁架T-1、T-2的组装及屋面檩条、系杆等构件的安装时，整个航站楼屋盖钢结构的总体施工进度可提前20d。此时，航站楼屋盖钢结构的施工顺序可考虑从中间向两端进行）。另外，采用“跨外吊装、拼装胎架滑移、分片就位”施工时，整个航站楼屋盖钢结构安装一步到位，未留下任何收尾工作。

（3）在成本投入方面

采用“高空拼装、单元滑移、分片累积滑移就位”方案时，投入的机具设备及施工措施如表3-5所示。

“高空拼装、单元滑移、分片累积滑移就位”方案投入的机具设备及施工措施　　表3-5

序号	投入机具设备	规格型号	数量	发生费用（万元）
1	行走式塔式起重机	K50/50	1台	60
2	汽车起重机	50t/25t	各1台	共30
3	拼装胎架	ϕ48×3.5钢管	200t	25
4	滑移轨道承重架	ϕ48×3.5钢管	350t	45
5	滑移轨道	43kg/m钢轨	600m	10
6	卷扬机	5t改装	3台	5
7	钢丝绳	ϕ21.5	2500m	3
8	方木	160×200×1000	1500m	7
9	滑轮	5t单门开口	150个	1
10	导向轮	自制45号钢	42个	0.5
11	脚手板	硬木厚50mm	3000m^2	1.5
12	前撑装置	自制ϕ219×10	12t	10
13	后撑装置	自制ϕ219×10	12t	10
14	联撑装置	ϕ219×10	30t	25
15	其他加固装置	25套	约40t	30
16	千斤顶	10t/8t	各20只	0.8
17	捯链	10t/5t/2t	10号/20号/40号	1.2
18	双门滑轮	8t	20号	0.4
19	其他吊具	—	—	1.6
20	+7.00m楼板下支撑加固	ϕ48×3.5脚手架钢管	250t	25
合　计				292

采用“跨外吊装、拼装胎架滑移、分片就位”方案时，投入的机具设备及施工措施如表3-6所示。

“跨外吊装、拼装胎架滑移、分片就位”方案投入的机具设备及施工措施 表3-6

序号	投入机具设备	规格型号	数量	发生费用（万元）
1	行走式塔式起重机	K50/50	1台	60
2	履带起重机	100t	1台	30
3	汽车起重机	50t/25t	各1台	共20
4	拼装胎架	ϕ48×3.5钢管	200t	25
5	滑移轨道	38kg/m钢轨	400m	6
6	枕木	160×200×2500	660条	6
7	卷扬机	2t	1台	0.2
8	钢丝绳	1/2″	1000m	0.8
9	滑轮	3t单门开口	40只	0.3
10	导向轮	2t单门开口	25只	0.2
11	脚手板	硬木厚50mm	800m^2	0.4
12	千斤顶	10t/8t	各10只	0.4
13	捯链	10t/5t/2t	10只/10只/20只	0.5
14	其他索吊具	—	—	1.2
15	+7.00m楼板下局部支撑加固	ϕ48×3.5脚手架钢管	150t	15
合计				166

通过上述分析可知，在本工程中采用“跨外吊装、拼装胎架滑移、分片就位”的方法比采用“高空拼装、单元滑移、分片累积滑移就位”的方法可降低成本126万元。

综上所述，方案二比方案一及方案三在安全、工期、质量、成本方面均有优势，通过综合分析评定，决定在本工程钢结构屋盖安装施工中采用方案二“跨外吊装、拼装胎架滑移、分片就位”的施工方案。

3.5.2.2 钢结构制作

1. 制作厂的选择

钢结构的制作是钢结构工程一个极其重要的环节，直接影响到钢结构施工的质量、工期等。为了保证工程质量以及制作与施工的密切配合，在制作厂的选择上，将重点考虑以下内容：

（1）选择有实力、有类似工程加工制作经验的钢结构制作专业厂家进行钢结构制作。

（2）选择与安装施工单位有过多次钢结构工程合作经验的制作单位。

（3）选择钢结构构件运输方便的制作厂进行钢结构加工、制作。

（4）由于本工程工期较短，一家制作厂很难在短期内完成所有钢结构构件制作任务，因此考虑同时选择两个厂家进行制作。

（5）选择有现场拼装实力和经验的制作厂。

2. 细部设计

细部设计是本工程制作过程中最重要的环节，是将结构工程的初步设计细化为能直接进行制作和吊装的施工图的过程。

细部设计的主要内容为：

（1）主桁架分段；

（2）单件部件放样下料；

（3）编制下料加工、弯管、组装、焊接、涂装、运输等专项工艺；

（4）主桁架组装；

（5）吊装吊点布置；

（6）配合安装技术措施；

（7）运输加固。

3. 加工制作工艺及工艺流程

本屋盖钢结构面积为26265.95m^2，主要构件为曲线倒三角形主桁架和格构式钢柱及托架，依据吊装及运输要求，将主桁架分为3段和2段进行放样下料、编号，散件成捆运输至工地现场。

（1）加工准备（图 3-12）

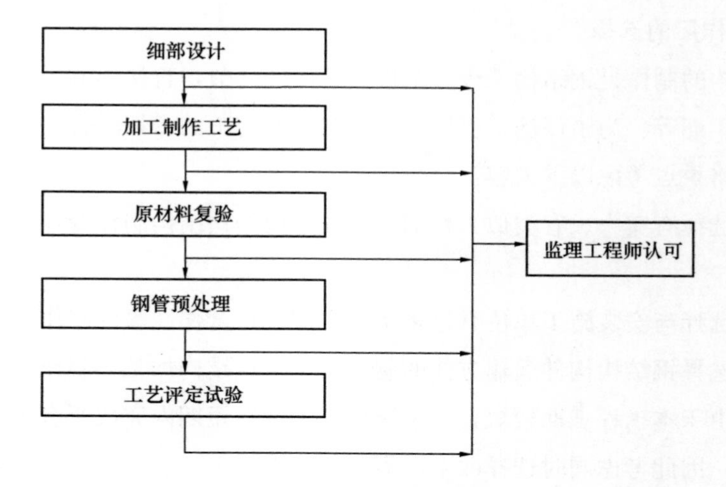

图 3-12　加工程序图

（2）组装（此部分工作拟定在现场进行）（图 3-13）

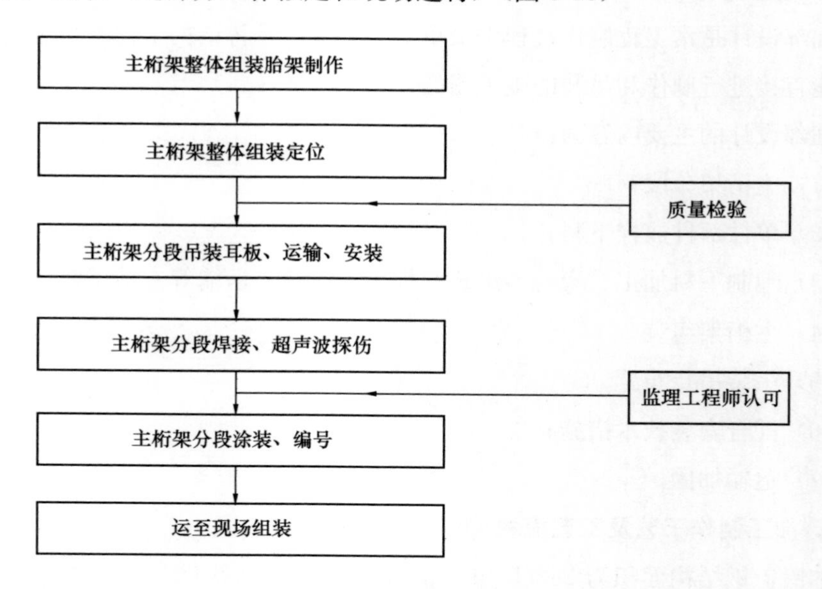

图 3-13　组装程序图

（3）钢材预处理

对所有桁架钢结构中所用的钢管和钢板在切割加工前进行预处理。钢管在涂装车间内进行抛丸除锈，钢板则由钢板预处理流水线进行预处理，使钢材表面粗糙度达到 Sa2.5 级后喷涂保养底漆，以保证钢材在加工制作期间不锈蚀及满足产品的最终涂装质量要求。

（4）放样、下料

制作前根据细部设计图纸在放样平台上对桁架钢结构进行 1∶1 实物放样，对上下弦杆定制加工样板、样条，以保证弯管制作精度。所有构件均采用数控切割机进行切割下料，以保证下料数据准确性。

由于主桁架节点均为钢管马鞍形相贯线接头，其切割质量将直接影响构件的精度和焊接质量。对此类接头，采用钢管加工流水线上配置的 700HC-5 钢管相贯线切割机进行切割，相贯线曲线误差控制在±1mm 以内。

该相贯线切割机最大切割管径为 700mm，切割管壁厚为 25mm。切割时，将切割参数（管材内径、相贯钢管外径、相贯夹角、相贯线节点距及相贯线上下标距）输入切割机的控制屏内，气割头沿钢管纵向移动，两种运动速度所形成的曲线即为所要求的相贯线曲线。

（5）弯管

利用大型数控、程控弯管机对钢管进行各种曲率的弯曲成型。对主桁架上下弦杆，可采用 DB275CNC 中频弯管机及 DB276CNC 数控弯管机进行弯管。弯管采用折线法弯曲，用样板进行校对，弯曲线与样板线之间的误差按照《钢结构工程施工质量验收标准》GB 50205—2020 要求不超过±2mm。钢管弯曲后的截面椭圆度不超过±1.5％。

（6）装配

所有钢管结构，包括钢柱、托架及屋盖桁架现场拼装前，均需根据图纸及规范要求制作组装胎架，并经质量检验合格后，将已开坡口、弯曲成型后的钢管和成型的斜、腹杆，按编号组装、点焊定位。由于腹杆上、下弦杆的组装定位比较复杂，控制好腹杆的四条控制母线和相应弦杆的四个控制点至关重要，定位时要保证相同的腹杆在弦杆上定位的唯一性。定位时应考虑焊接收缩量及变形量，并采取措施消除变形，在组装时还将同时组装吊装耳板。经检验合格后，进行焊接（各分段接头处不焊）、超声波探伤等，经监理验收合格后，再分段运输到施工现场。

（7）焊接

在加工制作前，进行焊接工艺试验评定和工艺方法试验，严格按相关焊接规范的要求执行；在坡口形式、焊接程序、电流、焊层控制、焊接速度等方面进行控制。通过焊接工艺试验，找出适合本工程特点的焊接工艺与方法。

（8）涂装

主桁架钢结构制作验收完毕后将在涂装车间进行“二次喷丸除锈”，然后再喷涂富锌底漆。

3.5.2.3 钢结构安装

1. 施工准备

（1）地脚螺栓验收

1）交接轴线控制点和标高基准点，布设钢柱定位轴线和定位标高。

2）复测地脚螺栓的定位、标高、螺栓伸出支撑面长度及地脚螺栓的螺纹长度，做好记录。如误差超出规范允许范围应及时校正。

3）验收合格后方可进入钢柱吊装工序。

（2）柱底支撑面处理

1）钢柱底板与基础面之间的30mm间隙是调整钢柱倾斜及钢柱标高的预留值，待钢柱安装就位后，通过调整设置在柱底的垫铁来控制。

2）标高调整采用垫铁组叠合两次完成。首先将垫铁均布于钢柱底板下面，对标高进行初步调整，待钢柱就位后，视需要再次加设垫铁进行调整。

3）当钢柱垂直度偏差和标高校核无误后，用高强无收缩细石混凝土浇灌钢柱底板。

（3）钢构件进场与验收

1）本工程钢构件均在制作厂制作成散件后，运输至现场进行拼装。

2）现场拼装成整体的构件，需通过验收后方可进入吊装工序。

3）按图纸和钢结构验收规范对构件的尺寸、构件的配套情况、损伤情况进行验收，验收检查合格后，确认签字，做好检查记录。

2. 格构式钢柱及托架吊装

（1）吊装方案

1）A、B、C区的所有钢柱（GZ-1～GZ-5）及钢托架（TT-1～TT-5）构件均在制作厂制作成散件，运输至现场拼装场地，进行现场拼装。

2）工程钢柱均为格构式钢管柱，主航站楼B区A轴、D轴钢柱GZ-1和GZ-2断面尺寸为2000mm×2000mm，高度分别为15.00m和18.00m，整根钢柱质量分别为19.06t和20.31t。根据钢柱的特点及整根钢柱的质量，GZ-1和GZ-2采用一台100t履带起重机沿柱边行走整体吊装方案。吊装GZ-1的同时，用100t履带起重机依次进行TT-1钢托架安装。吊装GZ-2需待地下室土方回填并夯实至满足履带起重机行驶要求承载力时，方可进行。为了减小履带起重机对地下室侧壁的压力，履带起重机行走时距地下室侧壁至少5m。

3）A、C区钢柱GZ-4，GZ-5及B区G轴钢柱GZ-3断面尺寸为800mm×800mm，整根钢柱质量最大仅为4.5t，采用一台25t汽车起重机沿柱边行走整体吊装方案。在进行钢柱吊装的同时，用25t汽车起重机依次进行TT-2～TT-5钢托架安装。

（2）钢柱固定措施

单根钢柱吊装完成且校正无误后，紧固地脚螺栓固定钢柱。由于钢柱的自由高度较高（近18m），长细比较大，在无托架方向钢柱的稳定性不足。且屋架安装前要插入7.00m楼面混凝土施工，钢柱柱底螺栓紧固后需用缆风绳作临时固定。该固定缆风绳待楼面浇筑完成并达到一定强度后，方可拆除。

3. B区屋盖钢结构安装

（1）起重机械的布设

在A轴外侧布设一台K50/50行走式塔式起重机，作为主要吊装设备，塔式起重机的最大起重量为20t，臂长70m，安装高度50m。塔式起重机中心线距A轴6m，钢轨中心距为8m，钢轨距柱边2m。钢轨下铺枕木，枕木下满铺石子，起重机路基土壤承载力要求达到200kPa。沿G轴布设一台100t履带起重机，作为桁架的配合吊装使用，另配一台25t汽车起重机进行构件的二次倒运和喂料使用。

（2）桁架分段

B区屋盖是由27榀组合桁架，上铺檩条、屋面板组成。单榀桁架由T-1、T-2架组通过Y-1杆连接为整体，桁架支撑在A、C轴钢柱（托架）和D轴伸出的摆式杆上。根据结构特点及选用的塔式起重机、履带起重机的起重能力，T-1架在地面分成3段进行组装，T-2架在地面分成2段进行组装，分段桁架吊装至高空进行组拼。

（3）拼装胎架搭设

在7.00m楼面上安装可滑移的桁架拼装胎架，由于采用摆式杆空间斜向支撑桁架此种独特的结构形式，胎架要求可同时满足三榀桁架的拼装。拼装胎架采用ϕ48×3.5普通脚手架钢管搭设，根据屋架分段高空拼装及摆式杆的高空安装要求，每榀桁架拼装需要3个主胎架，三榀桁架共需要9个主胎架，胎架间通过过渡胎架及横杆连成整体。整体胎架固定在铺设于楼面的型钢格构架上，格构架可通过轨道进行滑移。胎架及钢格构架应具有足够的强度和刚度。可承担自重、拼装桁架传来的荷载及其他施工荷载，并在滑移时不产生过大的变形。

（4）桁架高空拼装

1）拼装胎架定位后，即可同时进行三榀桁架的安装。

2）桁架在A、G轴的柱支撑节点（托架支撑节点），分段桁架离接口最近的两个下弦与腹杆、四个上弦与腹杆节点为整榀桁架的控制节点。在拼装胎架的铺板上弹出上下弦轴线的投影线，控制节点的投影点，标定投影点的标高作为桁架标高的控制基准点，柱头及托架节点靠连接板的螺栓孔定位控制。

3）布设于A轴外侧的K50/50行走式塔式起重机由A轴到D轴依次吊装T-1桁架的一、二、三分段，用G轴外侧的100t履带起重机依次吊装T-2桁架的一、二分段。将每个分段控制点的投影位置及标高调整至控制误差范围之内，用枕木、千斤顶、捯链将分段桁架固定在胎架上，待单榀桁架全部吊装完成（包括 Y-1 连接杆），作桁架的整体调整，保证水平偏差、垂直度偏差及控制节点标高均合格后，方可进行对接焊接和高强度螺栓紧固。

4）三榀桁架安装完成且校正无误后，进行摆式杆安装。

5）摆式杆安装完成且检查合格后，落放桁架，进行檩条的吊装。

（5）胎架滑移

1）胎架的底座用格构式型钢制成，脚手架钢管通过套筒固定在格构底座上。底座下设有滚轮，可沿布设在楼面上的钢轨道进行滑移。

2）每个主胎架下设有 3 条滑移轨道，过渡胎架下设有 2 条滑移轨道，共 11 条轨道。轨道仅布设供滑移 1 个柱距的长度，约 45m。为了使楼面荷载均布，轨道下设有枕木。枕木按楼面承载力不超过 $5kN/m^2$ 布设。

3）滑移胎架采用卷扬机作动力，利用 2t 卷扬机进行胎架的串联牵拉。牵挂点设在胎架底座的最前端。

4）一次拼装三榀桁架，拆除胎架上的桁架支撑，将桁架落放在柱及摆式杆上后，即可进行胎架的滑移，拟定桁架的组装顺序是由 14～36 轴，因而滑移沿 14～36 轴进行。

5）将胎架沿轨道滑移一个柱距（18m），固定胎架，复测控制点、线。进行新的三榀桁架的组装。将滑移过的轨道及枕木倒移至胎架前方，供下一次滑移重复使用。

6）按此方式循环，共进行 9 次胎架滑移完成 B 区 23 榀桁架的安装。

（6）A、C 区屋盖钢结构安装

1）A、C 区为连廊区，屋盖结构为曲线形钢管桁架结构，桁架支撑在 E、G 轴的 GZ-4，GZ-5 上，跨度 19.2m，两边各悬挑 6m，单榀桁架重 4.921t，最高点标高 19.1m。

2）根据 A、C 区桁架的特点及布置区域，此桁架采用整榀一次吊装方案。

3）选用 50t 汽车起重机沿 G 轴外侧行走吊装，顺次吊装 A、C 区屋面桁架，吊装桁架的同时吊装檩条、拉杆等构件，操作平台置于柱顶。

4）C 区屋盖钢结构的安装进度及顺序，在不影响 B 区安装的前提下可随时调整，但要与B区同时完成。

3.6 航站楼大跨度等截面倒三角弧形空间钢管桁架拼装技术

3.6.1 概述

目前国内大跨度屋盖施工主要采用高空散装法、分块分条安装法、高空滑移法及整体安装等几种施工方法。就一个具体工程而言，往往单独选用任何一种施工方案均难以满足该工程的实际需要。

屋面钢结构工程利用CAD建模技术建立主桁架仿真模型，地面拼装部分用型钢组焊成胎架，空中拼装部分用脚手架管组成胎架，并用全站仪控制胎架各节点的标高，再根据模型进行拼装。

3.6.2 施工要点

施工主要特点如下：

（1）屋盖跨度大；

（2）屋盖自重大，杆件多，安装精度要求高；

（3）由于航站楼主体钢筋混凝土结构已提前施工，屋盖施工范围受到很大的限制，施工技术风险较大。

3.6.2.1 施工方案的确定

1. 施工方案选择的基本原则

就本工程而言，单独选用任何一种施工方案均难以满足该工程的实际需要。选择本工程施工方案时必须综合考虑以下具体要求：

（1）方案施工工况必须满足设计工况的要求，否则钢屋盖结构在施工时将会产生与设计工况不同的应力，从而使结构受损伤或影响整体受力功能的发挥；也会因为应力应变的产生而使已装构件产生相对位移，导致组装偏差。

（2）必须考虑工期及施工安全的需要。由于工期只有90d左右，屋盖较高，构件多且重，所以应尽量减少高空作业量，增加地面拼装量，以提高工效和施工安全度作为选择施工方案的指导思想。这也有利于满足流水作业的需要，以便充分利用时间和空间，确保工期。

（3）必须使施工成本最低化，即所选择的方案在确保施工进度和安全的同时，尽量降低成本。

2. 屋盖施工主要工艺流程（图 3-14）

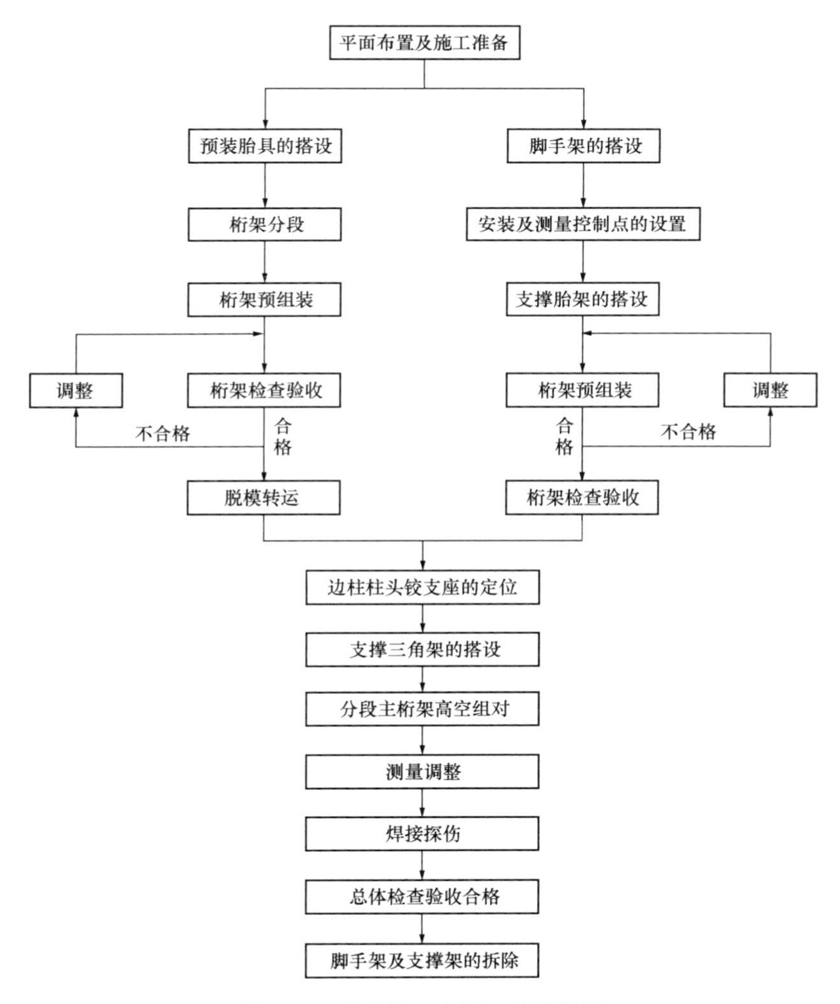

图 3-14　屋盖施工主要工艺流程图

3.6.2.2 地面拼装

1. 弦杆的摵弯

T桁架弦杆摵制以中频摵制和火焰摵弯两种方法进行加工。中频摵制采用液压中频弯管机（48B型 1000kWϕ1200×50），加工出的弯管表面光滑过渡，钢材表面不出现折痕、不平等现象，但速度较慢。火焰摵弯利用热胀冷缩的原理，在钢管上表面超过半径每隔1m用氧气乙炔气烘烤，使其均匀收缩成弧形。此法速度快但难以控制弯曲精度。

2. 胎模的制作方法

胎模制作为立式胎模（立式胎模比较直观，易控制拼装几何尺寸、焊接变形，便于焊接和质量检测），立式胎模由底座HM钢、立柱工字钢、支撑工字钢和托板等组成。胎模底座为型钢HM300×300×12×20制作，立柱为HM200×200×8×12，支撑为18号工字钢，整个胎模共有7榀托架，每榀间距为5m，每榀胎具根据各自所对应的拱高不同高度制作，胎具顶端的托板可根据管径的不同互相调换，见图3-15。

3.6.2.3 焊接变形的控制

（1）下料装配时，根据制造工艺要求，预留焊接收缩余量，预置焊接反变形。

（2）装配前，矫正每一构件的变形，保证装配符合装配公差表的要求。

（3）使用必要的装配和焊接胎架、工装夹具、工艺隔板及撑杆。

（4）在同一构件上焊接时，应尽可能采用热量分散、对称分布的方式施焊，同一根杆件严禁两端同时焊接。

3.6.2.4 高空散装

1. CAD建模

利用CAD建模技术建立主桁架仿真模型，求得各榀桁架各控制点坐标数据并记录在案。

2. 测量放线

用经纬仪和全站仪在楼面上放出E轴线、屋脊线和各纵轴线，并设E轴

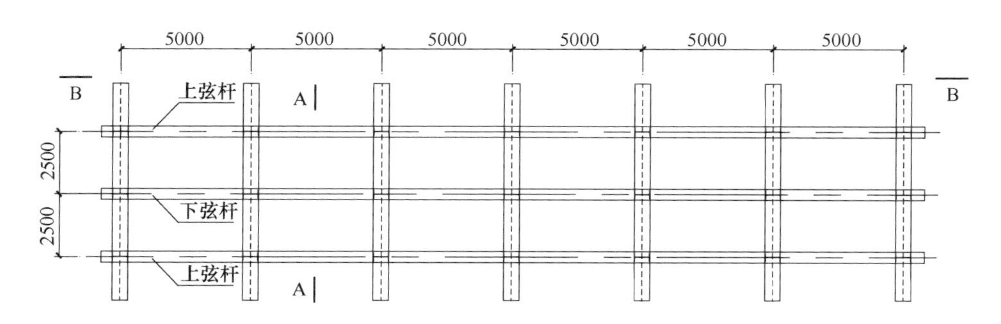
5000
5000
5000
5000
5000
5000
B
B
上弦杆
A
2500
2500
下弦杆
上弦杆
A

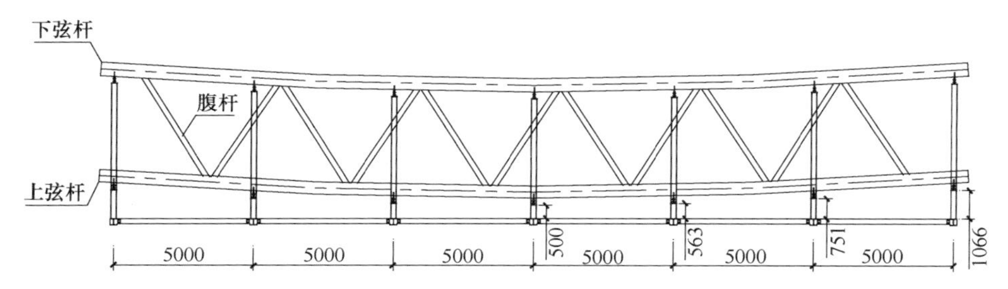
下弦杆
腹杆
上弦杆
5000
5000
5000
500
5000
563
5000
751
5000
1066

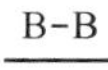
B-B

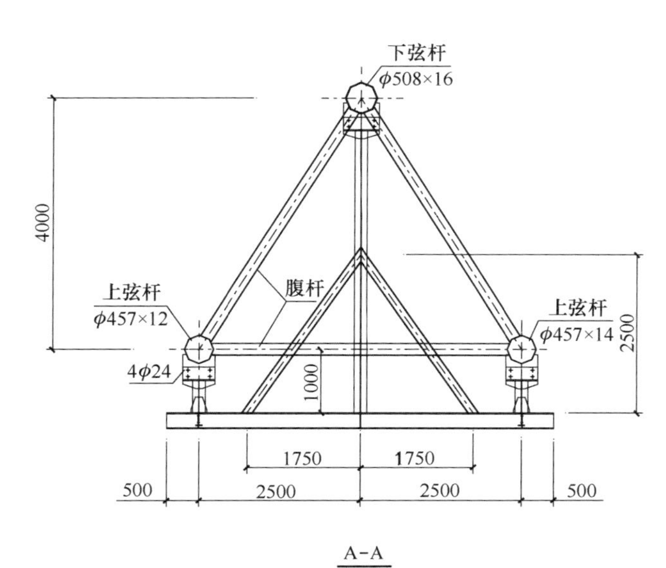
下弦杆
φ508×16
4000
上弦杆
φ457×12
腹杆
上弦杆
φ457×14
2500
4φ24
1000
1750
1750
500
2500
2500
500
A-A

图 3-15　胎模图

线与任一纵轴线的交点为基准点，以该基准点控制所有在楼面脚手架所要搭设的高度。

3. 脚手架胎具的搭设

高空散装的胎具架即为脚手架，脚手架搭设到接近桁架上控制点标高时，弦杆中心线两侧的脚手架立杆顶部改用可调节的丝杠连接，两根丝杠间垫放一根方木块作为胎具架的受力点，方木块间距 2m 设置一根，以保证能承受构件自身的荷载。根据 CAD 模型上得出的坐标值，用全站仪控制方木块的标高，使其上表面在理论上与弦管的下管皮相切（图 3-16）。

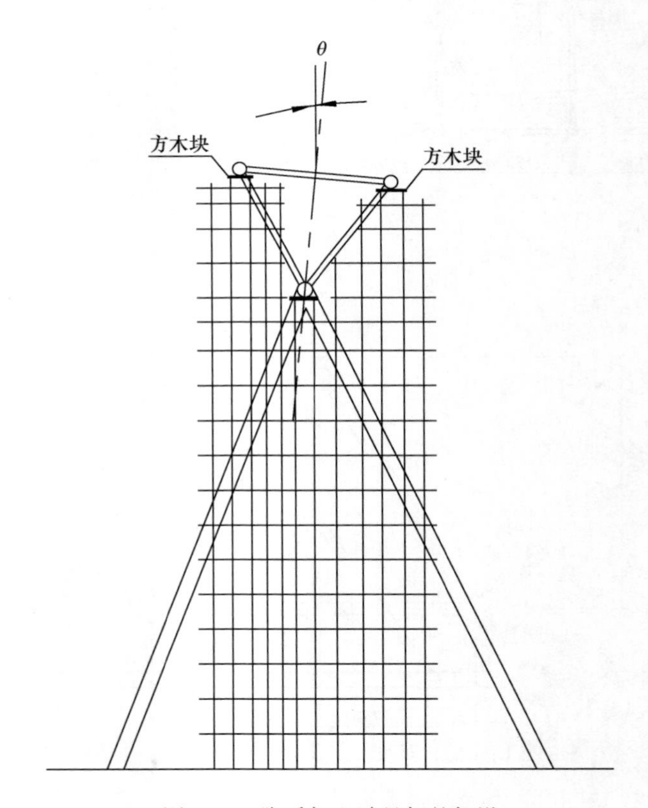

图 3-16 脚手架上胎具架的架设

4. 拼装方法

由于钢桁架最高处在32m左右，且回转半径达50多米，因此根据起重机的性能表选用300t汽车起重机和250t履带起重机作为施工机械。吊装顺序为下弦管→上弦管→腹杆，下弦管吊装采用两点捆绑吊装，先吊装与V形柱铰支座连接段，吊装前先画出定位标记，确保其安装位置不发生偏移，同时要保证弦杆对接焊缝达到Ⅰ级焊缝，100%UT检测合格。上弦管吊装由于不受V形柱铰支座的限制，可从空侧到陆侧或从陆侧到空侧排列，但要注意弦杆对接缝与腹杆或面杆的连接节点错开。弦杆的拼装长度根据陆空两侧的地面拼装段的长度而定，并要注意留出50～100mm的余量，以确保地面拼装段与高空散装段的对接能顺利进行，同时保证整榀桁架的几何尺寸。最后根据腹杆和面杆的拼装尺寸位置画出其安装位置，先点焊弦杆后点焊腹杆，点焊时控制好两端组对间隙、角度、间距等关键几何尺寸。

3.7 航站楼大跨度变截面倒三角空间钢管桁架拼装技术

3.7.1 概述

这部分的桁架在空间呈扭曲楔体状，三根主弦杆中任两根均不在同一个平面内，拼装难度更大。由于高空散装要搭设大量脚手架，施工周期长、成本高，故采用减少高空作业量、增加地面拼装量以提高工效和施工安全作为指导思想，利用CAD建模仿真技术，在地面搭设胎具架进行整体拼装。

3.7.2 施工要点

3.7.2.1 桁架模型的建立

TT桁架CAD模型的建立以主桁架的模型为基础，先将主桁架的CAD模型建好，然后根据TT桁架与主桁架的连接位置定出TT桁架三根弦杆的空间位置，再利用Autocad的LEN命令确定腹杆中心线与主桁架中心线的交点，将交点用直线连起来即完成 TT 桁架的建模工作。为方便地面拼装工作和减少胎具架材料的用量，还需优化 TT 桁架所处的空间位置，其主弦杆与腹杆的相对位置关系不发生变化。利用 Autocad 的翻转、平移命令并转换 UCS 坐标系，将 TT 桁架在空间旋转一定角度并使下弦杆在空间的平面投影成水平状态。由于桁架弦杆均为直管，因此只需把桁架两端相对位置关系定死即可控制整个 TT 桁架的形状。在桁架两端适当位置（避开腹杆与弦杆相贯的结点）各作一剖切面 P1 和 P2，将三根主弦杆轴线与该剖切面的交点共 6 个点作为胎具架的定位点，其中以下弦杆轴线与剖切面 P1 或 P2 的交点作为基准点，将其坐标设为（0，0，0），求得其他 5 个点相对于该点的坐标值（图 3-17）。

3.7.2.2 胎具架的设置

根据 TT 桁架模型上得出的坐标值，利用水准仪在钢平台上设置支撑胎架的位置和高度，钢平台的制作采用主桁架拼装余下的型钢 HM300，支撑立柱用 HM200，水平支撑和斜撑用 [10 槽钢或角钢。TT 桁架两端的支撑立柱定位好后，为了保证拼装时的稳定性和设立焊接通道，在两端两排立柱之间间隔 5m 左右再设置若干排支撑立柱（立柱的位置与腹杆和弦杆的相贯结点要错开），并在支撑立柱之间装水平支撑和斜撑。图 3-18 为胎具架上桁架两端的剖切图。

3.7.2.3 桁架杆件的下料

桁架的弦杆和腹杆均为工厂预制，采用高精度的六维相贯切割机辅以先进的 pipe2002 切割软件进行下料，切割精度达到±1mm。

3.7.2.4 桁架的拼装

TT 桁架单根弦的重量在 1.9t 左右，拼装高度不超过 5m，用 16t 汽车起重机即可吊装。三根主弦杆吊上胎架后，用经纬仪和水准仪复核各胎具架定位点，以保证整体组装的精度。TT 桁架的腹杆存在多管相贯的情况，最多可达到六管相贯，且有主次管之分，每个相贯口均对应一根主管，原则上先安装主管再安装次管，这样能保证相贯口更好地与主管吻合。桁架拼装完之后，还要安排合理的焊接顺序，以免产生过大的焊接变形。

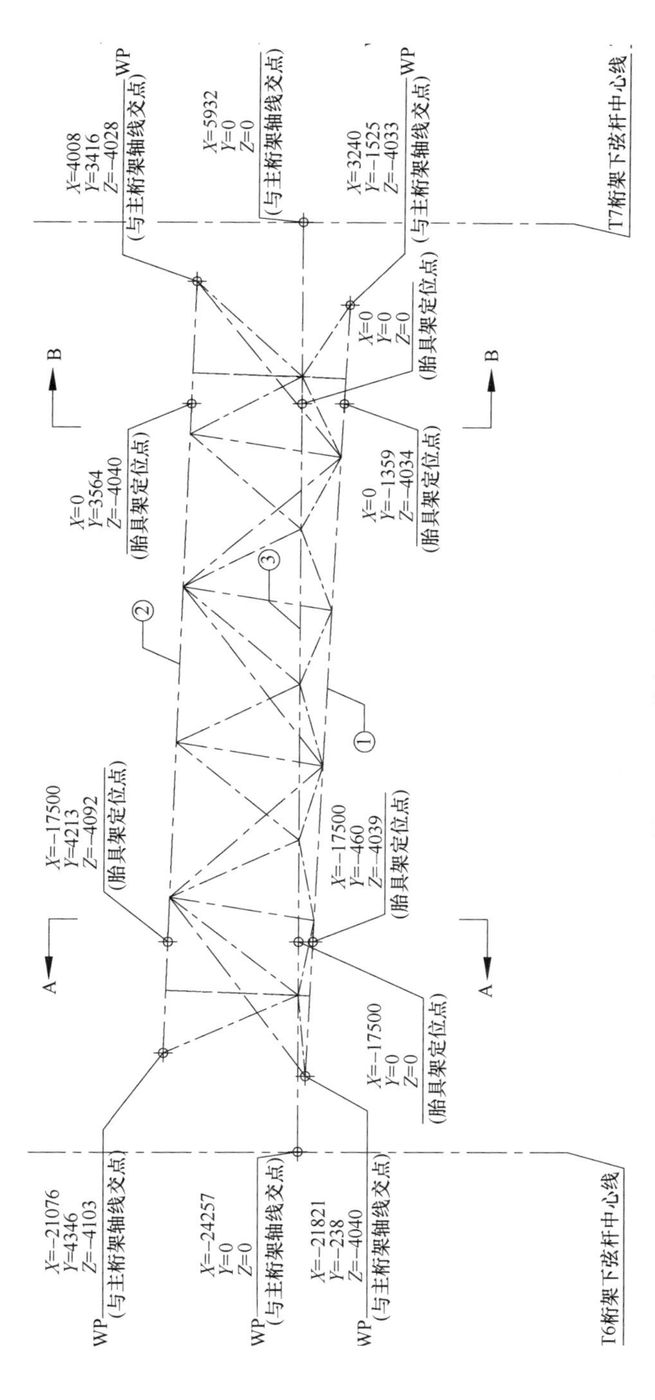

图 3-17 TT 桁架坐标定位图

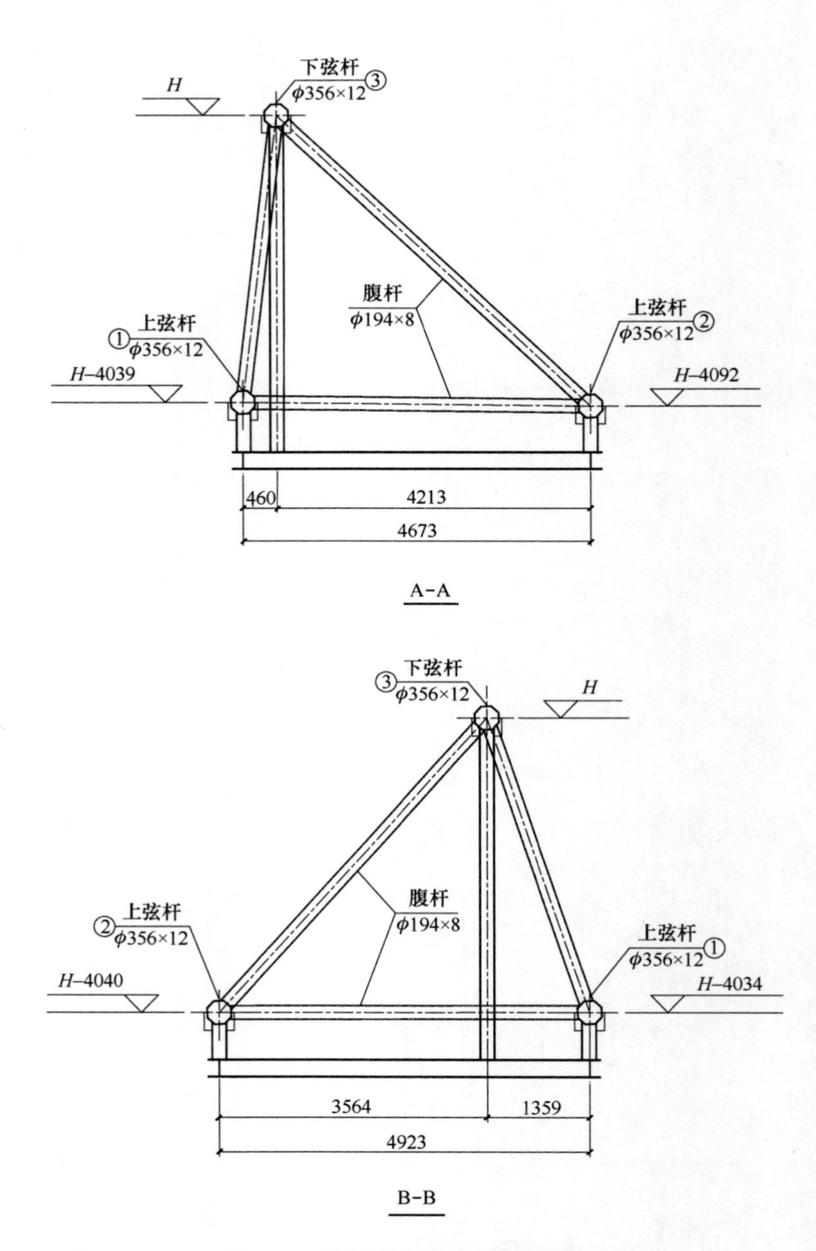

图 3-18　胎具架上桁架两端的剖切图

3.8 高大侧墙整体拼装式滑移模板施工技术

3.8.1 概述

高大侧墙工程因受结构防水及混凝土成型质量要求高、工期紧、墙体底部与底板交接处设有多种尺寸腋角构造等因素影响，若采用传统支模工艺将导致施工不便、模板支设过高易失稳、施工质量无保障、施工成本高、进度慢等诸多弊端，急需采用一种新的经过改进后的模板体系施工方法来克服不利影响。高大侧墙整体拼装式滑移模板施工技术从施工工艺原理、施工工艺流程及其操作等方面介绍了不设置对拉螺杆的高大侧墙整体拼装式滑移模板施工技术，此施工方法切实可行且具有施工方便、安全可靠、速度快及成本低等优点。

3.8.2 施工要点

3.8.2.1 施工难点分析

施工主要难点有墙体结构防水要求高、墙体高度及厚度设计尺寸大、墙体底部有加腋设计且腋角尺寸较大、主体结构施工工期紧张等。

3.8.2.2 施工方案优点解析

侧墙施工采用高大侧墙整体拼装式滑移模板施工技术，相较传统墙模施工方法具有如下优点：

（1）不按照传统墙体施工方案设置模板对拉螺杆，不影响结构自防水功能。

（2）模板高度可根据设计墙高进行变化，墙体模板体系受力后强度、刚度及稳定性满足要求。

（3）模板的三角钢桁架支撑底部带滑轮调节装置，可适用于不同设计尺寸的墙体底部加腋情况下施工。

（4）模板体系可顺线路方向滑动，施工操作简便，安装时间短。

3.8.2.3 施工工艺

对墙体进行混凝土施工受力分析后可知，水平向侧压力从墙顶部至墙根呈正三角形分布，根据墙体受力特点并考虑模板体系的经济性后得出墙体模板支撑应采用正三角形结构体系，最终选用槽钢和连接件制作的一个三角形支架钢桁架。侧墙施工中的混凝土侧压力由钢桁架中斜向支撑和模板底部预埋拉杆共同承受，模板上浮力则由钢桁架底部预埋拉杆承受。

整个滑模体系主要含面板、预埋地脚螺杆、三角形钢支撑架三大部分，其中埋件系统部分包括：地脚螺栓、连接螺母、外连杆、蝶形螺母、垫片，如图3-19所示。三角形钢支撑架由标准节（高3.6m）、加高节（高1.6m）根据实际单次施工墙体高度组合而成，支撑架底部焊接有连接滑轮的调节装置，如图3-20所示。

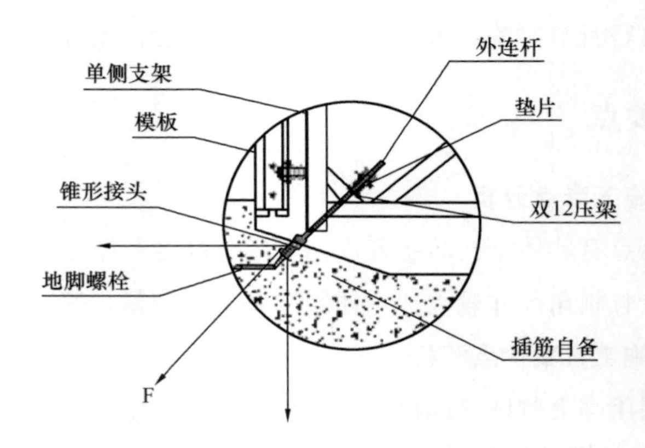

图3-19 预埋地脚螺杆与模板支撑架连接示意图

1. 预埋地脚螺杆

（1）在底板混凝土施工前预埋固定墙体模板用的地脚螺杆，地脚螺杆出地面处与混凝土墙面的距离由工程设计图纸确定，沿墙体走向在墙根附近按一定的间距预埋（间距根据单榀三角形钢支撑架中心间距而定）。

（2）预埋螺杆与地面成45°的角度，现场埋件预埋时要求拉通线，保证埋件在同一条直线上。

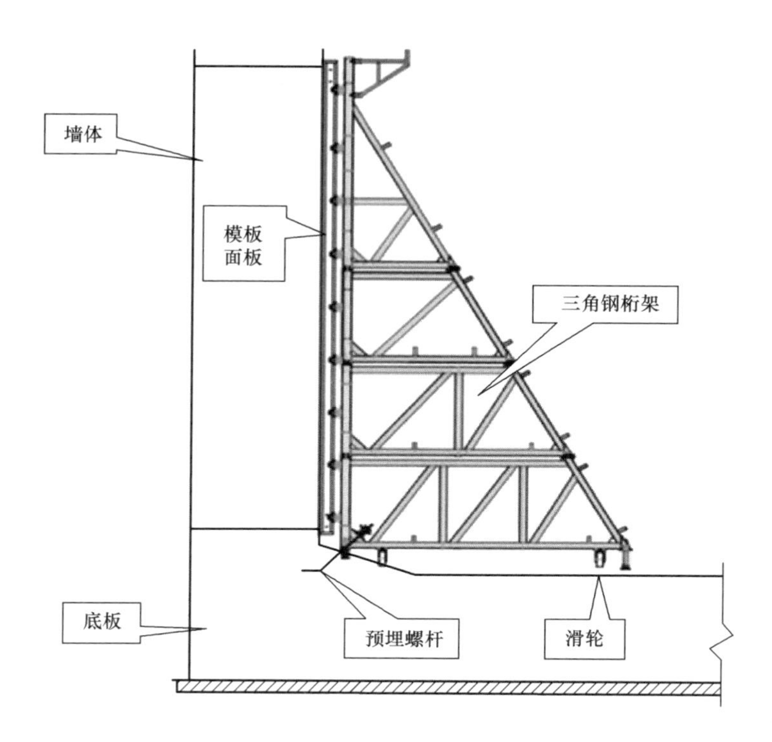

图 3-20 墙体模板体系整体示意图

（3）地脚螺栓在预埋前应对螺纹采取保护措施，用塑料布包裹并绑牢，以免施工时混凝土黏附在丝扣上，影响下一步施工时螺母的连接。

（4）因地脚螺栓不能直接与结构主筋点焊，为保证混凝土浇筑时埋件不跑位或偏移，要求在相应部位增加附加钢筋，地脚螺栓点焊在附加钢筋上，点焊时注意不要损坏埋件的有效直径。

2. 拼装墙体模板支撑架体

（1）根据墙体设计尺寸及单次施工墙体高度，将三角形钢支撑架的标准节和加高节进行组装，为了架体拼装成整体后受力均匀，现场自备钢管及扣件把几榀钢支撑架连成整体，如图 3-21、图 3-22 所示。

图 3-21　用螺栓连接三角形钢支架的标准节和加高节

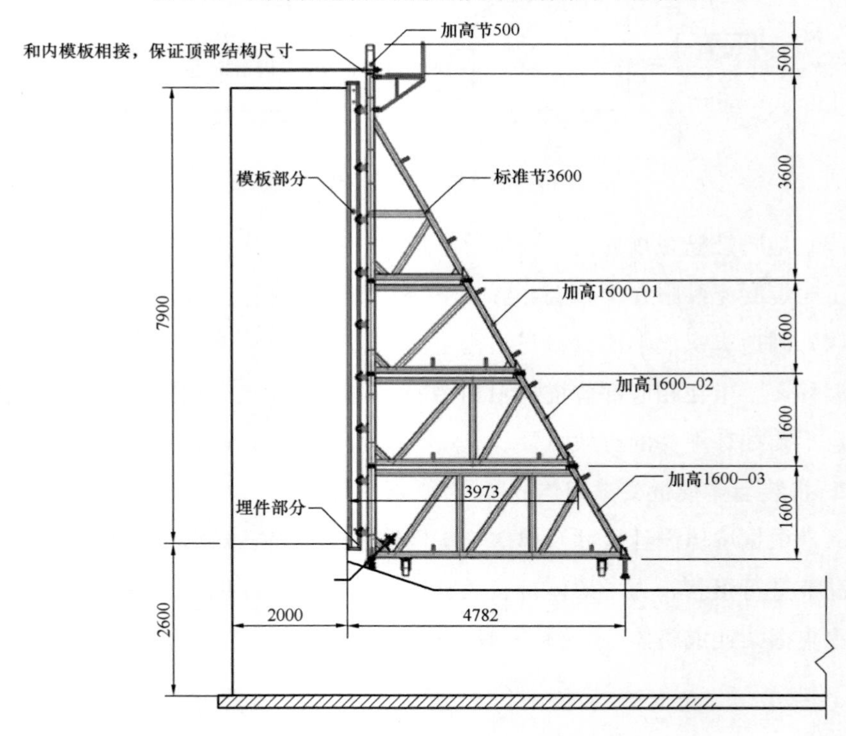

图 3-22　三角钢支撑架示意图

（2）根据墙体下部腋角的设计高度及宽度，将成品滑轮通过螺杆连接在三角形钢支撑架底部横梁的滑轮调节装置上，如图 3-23 所示。

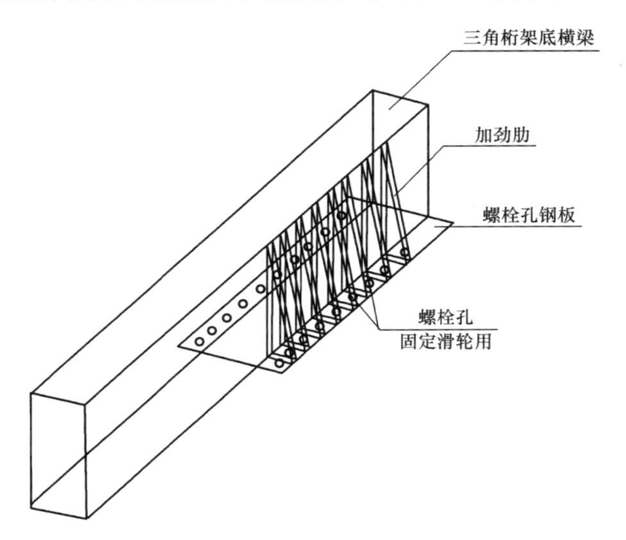

图 3-23 三角形钢支撑架底部横梁滑轮调节装置示意图

3. 拼装墙体模板面板

面板采用 18mm 厚模板，竖向次肋采用 200mm×80mm×40mm 木工字梁，横向主肋采用双 12 号槽钢：木工字梁竖向间距为 300mm，第一道横背楞距模板下端 300mm，其余间距为 1000mm；在单块模板中，多层板与竖肋（木工字梁）采用钉子连接，竖肋与横肋（双槽钢背楞）采用连接爪连接，在竖肋上两侧对称设置吊钩。两块模板之间采用芯带连接，用芯带销插紧，保证模板的整体性，使模板受力合理、可靠。墙体模板面板成型示意图如图 3-24 所示。

4. 墙体模板面板与三角钢支架组装

（1）拼装好单元模板面板并吊装到位，利用塔式起重机和现场临时撑杆，将面板初步就位于待施工墙体处。

（2）随后用芯带及插销连接好各单元面板。

（3）吊装三角形钢架体到位，并用钢管连接好相邻架体，利用架体尾部的调节螺杆使模板上口靠近或远离墙体，如图 3-25 所示。

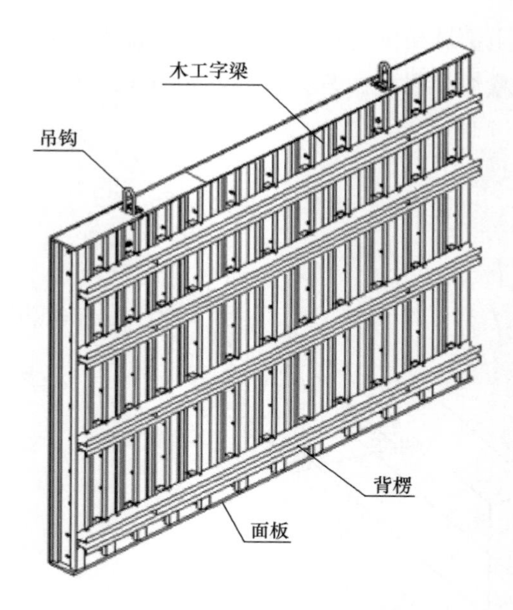

图 3-24　墙体模板面板成型示意图

图 3-25　三角形钢支撑架标准单元间连接

（4）将主体结构底板与侧墙交界处的地脚螺杆与模板支撑钢架紧固连接好。

5. 面板与钢支撑架对接注意事项

（1）合墙体模板面板时，面板下口与预先弹好的墙边线对齐，然后安装钢管背楞，临时用钢管和塔式起重机将墙体模板面板撑住。

（2）吊装三角形钢支架，将钢支架由堆放场地吊至现场，在吊装时，应轻放轻起，多榀支架堆放在一起时，应在平整场地上相互叠放整齐，以免支架变形。

（3）需由标准节和加高节组装的三角形钢支架，应预先在材料堆放场地装拼好，然后由塔式起重机吊至现场。

（4）支架安装完后，安装对接埋件系统。

（5）用主背楞连接件将模板背楞与单侧支架部分连成一个整体。

（6）调节三角形钢支架后支座，直至模板面板上口向墙内侧倾斜约 5mm，用于抵消模板体系受力后，三角形钢支架将略向后倾。

3.9 航站楼大面积曲面屋面系统施工技术

航站楼屋面整体结构体系由金属屋面、排水天沟、屋面虹吸系统、屋面采光天窗系统四大分部结构组合而成。

3.9.1 概述

3.9.1.1 金属屋面结构构造

金属屋面由钢结构檩条、压型钢底板、玻璃纤维保温棉、无纺布、几形衬檩、蜂窝芯保温隔声复合板、防潮隔气层、铝合金 T 形码支座、屋面防雷系统、氟碳涂层铝镁锰合金板等部件组合而成。金属屋面结构通过底板与其下部的檩条连接，檩条焊接在屋面网架结构上的檩托上。金属屋面结构构造如图 3-26所示。

3.9.1.2 排水天沟系统

排水天沟结构见图 3-27。

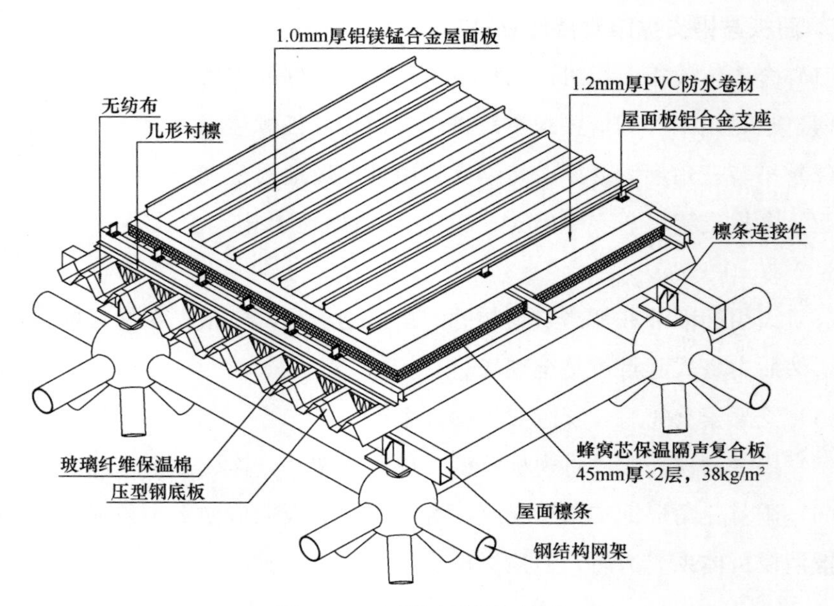

图 3-26　金属屋面结构构造

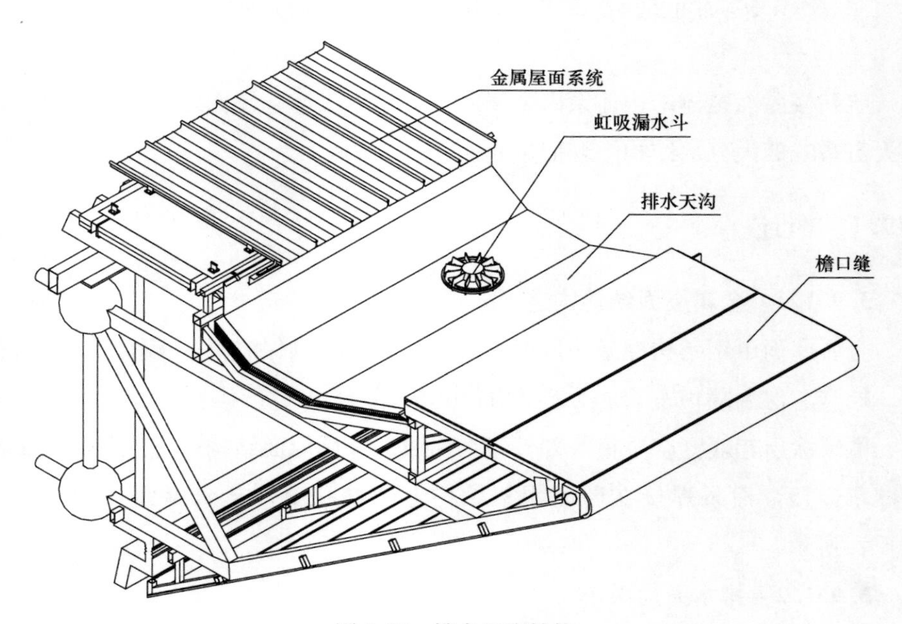

图 3-27　排水天沟结构

3.9.1.3 屋面虹吸系统

屋面虹吸系统由各类管道、管配件、雨水斗及钢结构构件组合而成（图 3-28）。

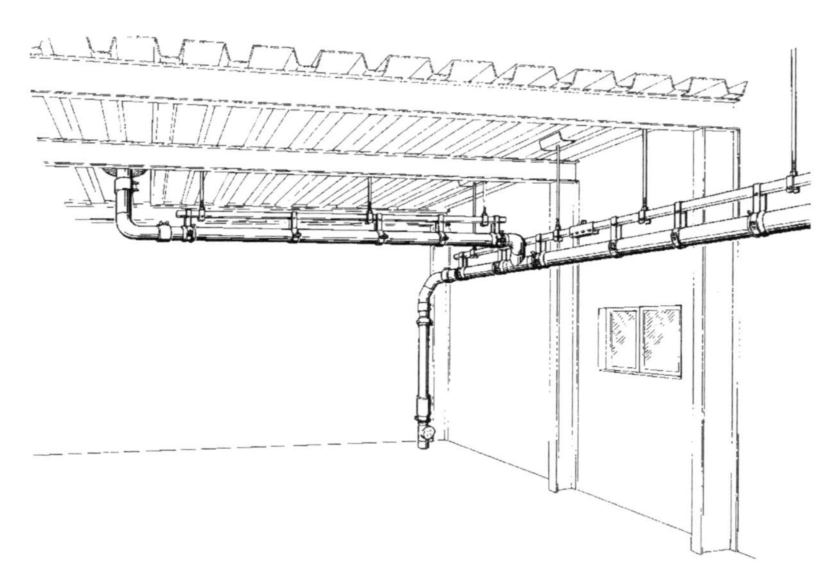

图 3-28 屋面虹吸系统结构图

3.9.1.4 屋面采光天窗系统

屋面采光天窗自下向上由天窗钢结构、铝型材钢架、玻璃、蜂窝铝板等组成（图 3-29）。

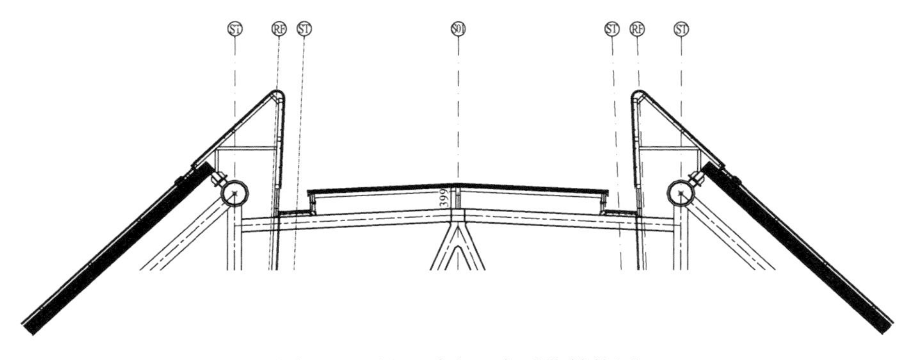

图 3-29 屋面采光天窗系统结构图

3.9.2 施工要点

3.9.2.1 施工重点及难点

1. 超长铝镁锰合金屋面板的加工、运输及吊装复杂

屋面板采用 1.0mm 厚 PVDF 氟碳涂层铝镁锰合金板，板宽 330mm、400mm、500mm。为保证防水效果，每坡屋面或者天窗之间纵向均采用整块屋面板，长度多为 40～60m，前中心区屋面板最长达 171m。数量巨大的超长屋面板在加工、运输及吊装过程中均有很大难度。

施工生产单位可引进成套数控生产设备现场加工屋面板，在现场合适位置设置 4 个加工车间，减少运距，方便成品屋面板运输和吊装。

主要加工设备有：YX-150-280-560 型屋面板压制成型机、6206AⅡ型等离子切割机、65/400 电动卷板机、KT-383 铝型材切割机、BXI-315/ARL-315 电焊机、250 型高频氩弧焊机、YBJ726 电动咬边机等。压制成型机压型工艺技术参数设计为 35 组，生产能力为 $3000m^2/d$，压制顺序为从板中央向两侧压制凹槽劲肋及弯边，先平轧后压大折弯。

对于弧形屋面板，采取合理调整压型工艺技术参数等措施，生产出符合设计的屋面板。

对于超长铝合金屋面板，采用搭设 30°槽式滑道方式运输至屋面；对于长度小于 50m 的屋面板，采用同步垂直吊装法吊至屋面。在屋面上用人工搬运至作业地点。

2. 超大面积双曲面屋面三维空间定位放线难度大

为了确保双曲面屋面造型准确，从控制网架球节点上檩条支座坐标入手控制屋面三维空间定位。屋面钢网架共有 15048 个上弦球，设计图纸给出了每个球三维坐标。安排专业测量工程师使用全站仪测量出每个球节点的实际坐标值，利用计算机辅助整理出每个球节点数据，包括区域、球节点号、设计坐标 X_1、Y_1、Z_1、实测坐标 X_2、Y_2、Z_2、实测值与设计值之差 dX、dY、dZ（差值均小于标准允许偏差，标示于每个球上）。

安装檩条时，使用全站仪在每个球檩条托板上调整、控制檩条坐标，准确定位，从而保证了屋面各构造层的基础定位。之后，按照设计控制底板、衬檩、保温复合板、铝合金 T 形码、屋面板等部件的尺寸与位置，确保了整个双曲面屋面形状完全符合设计。

3. 各系统交接处节点构造与防渗漏处理

铝合金屋面板铺设及其自身接缝咬合、PVC 防水卷材施工均为特殊过程，屋面板又与天窗、天沟、虹吸排水、防雷接地等多个系统相互交叉。在设计阶段细化优化，做好节点构造（包括系统交接点、钢檩条等部分）深化设计工作；对各类构件统计归纳，最大限度实现节点标准化加工和安装；选用符合国家产品标准的 PVC 防水卷材；施工中从人、机、料、法、环等方面加强过程控制；严格执行“样板引路”“三检制度”；采用科学合理的施工流程与工艺，合理安排施工顺序。

节点构造及细部处理主要措施：金属屋面伸入天沟不小于 200mm；在屋面板下口端部设通长铝合金滴水片，将与屋面板形一致的泡沫密封条固定在屋面板与滴水片之间，防止风吹雨水侵入。

屋面板温度变形的处理对策：铝合金屋面板采用直立锁边固定方式（图 3-30），铝合金 T 形码支座仅限制屋面板在宽度和上下方向的移动，并不限制沿板长方向的自由度。因此，屋面板在温度变化时能够在固定支座上自由伸缩滑动，不产生温度应力；宽度方向有压型凸棱，也不产生温度应力。

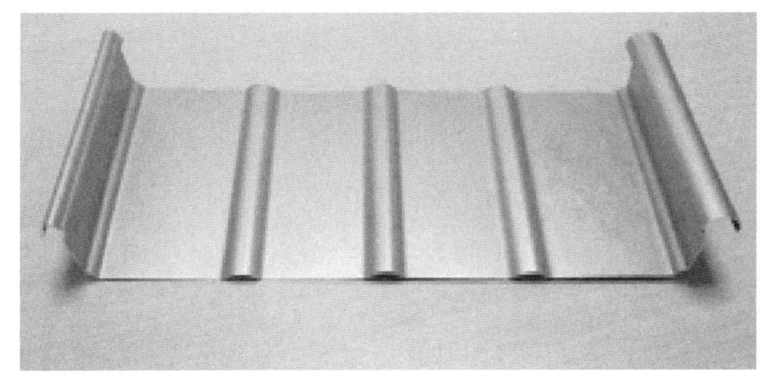

图 3-30　氟碳涂层铝镁锰合金板

4. 铝合金屋面板之间接缝防水构造要求高

针对屋面板接缝防水构造薄弱环节，选用雅典特“Standing Seam Roofing System 高立边咬合接缝点支撑屋面系统”，使用专门的立边和自动咬合设备，将两块沿板条长度方向整体向上立边的预制型板块，通过双重折边锁定而使屋面连接成为一个整体。具有以下特点：屋面线条纤细，典雅美观；整体结构性防水、排水功能好；结构简洁轻巧、安全牢固；采用自动控制机械施工，安装灵活快速、精确、经济；水密性强，金属屋面板块的咬合方式为立边单向双重折边并依靠机械力量自动咬合，板块咬合紧密，防水严密，并在直立锁边的板肋顶端设置了反毛细水凹槽，能有效防止下雨时毛细水入侵，无须化学嵌缝胶密封防水，免除胶体老化带来的污染和漏水问题。

5. 超大面积屋面变形控制要求高

超大面积屋面变形复杂，控制要求高。主体钢结构在前中心区与东西指廊、西指廊、中指廊之间，后中心区与中指廊、东西 Y 指廊、西 Y 指廊之间设有结构变形缝。此处屋面结构构造采取上下错层搭接、下层设置排水天沟的方式，使之可随主体结构变形而滑动。

3.9.2.2 加工制作方案

1. 金属屋面板制造工艺方案

（1）屋面板加工场地布置

航站楼工程均具有施工面积大，使用的屋面板块长短、型号不一致的特点，如此就给屋面板块的制作和运输带来了很大的难度。因此，屋面板块加工场地的选择，以就近建筑为宜，以减少屋面板从压型机制作完成之后人工搬运的距离。一方面缩短了搬运时间，同时也降低了屋面板在人工搬运中产生扭曲形变的可能性，减少影响工程施工质量的因素。

屋面板压型机和压板操作空间要求不小于 200m^2，屋面板的堆放存储不小于 200m^2，临时仓库占用面积不小于 100m^2，合计加工场地占用面积约为 500m^2。为了保证屋面板块不受污染，场地地面必须硬化，并设专人看守。

（2）标准和异形屋面板压型设备

屋面板块立边预制成型加工设备为自动化数控设备，尾端设置一个放料架。在屋面板生产加工前，先用龙门架或起重机将铝卷放在放料架上，然后调整放料架的位置，使其与屋面板压型机的进料口保持直线和水平。按设计图纸要求，并结合现场实际情况，输入屋面板的型号、规格、长度等数据，便可加工生产出所需要的屋面板块。

1）压型设备（图 3-31、图 3-32）

图 3-31 标准屋面板压型设备

图 3-32 异形屋面板压型设备

专门的金属屋面板块立边预制成型加工设备，箱式压型设备主要由放料架、成型部分、剪切部分、成品出料装置、传动部分、电气控制系统及安全防护部分组成。

2）放料架：用于存放卷料并给冷轧成型部分提供板料。

3）导料装置：为一个板料的导向装置，以保证板料平直，对中进入成型部分。对因板宽误差引起的间隙可自由调节。

4）成型部分：成型部分主要由机架、侧板、模具（轧辘）支承部分和滚压模具组成。

5）剪切部分：采用液压动力剪切工作。

6）成品出料装置：使成型好的工件顺利导出。

7）传动部分：是该设备成型动力的输送部分，其动力由电机通过皮带传递到减速箱，再由减速箱通过链轮组输送到每个主动轮上，主动轮通过齿轮传动，使得上下轧辘同步。

8）电气控制系统：整机采用优质的电气执行元件，可靠的接触及断开动作，保证了整个系统的协调，安装布置合理、稳定。

金属屋面板块立边预制成型加工设备通过多组轧轮轧制，可制作光滑的立边板块，专门的金属屋面立边板块预制弯弧成型加工设备的使用，可制作内外弯弧板，板块的弯弧可一次完成，弯弧半径最小为1.8m。

（3）标准屋面板加工工艺

加工流程为：加工前的检测→尺寸的确定→首块板的确认→批量制作。

1）屋面板块压型加工设备安置在屋面指定位置，板块加工成型后便可吊装到屋面上进行铺设，板块的制作和安装同时进行，可加快工程进度，减少材料的堆放场地。

2）调试、试生产。屋面板块压型加工设备集装箱吊到屋面就位后，必须根据面板工艺的要求调整位置并吊装稳固。在开工前3d进行试生产，反复调整面板机的参数，直到能生产出合格的面板。

3）上料屋面板的原材料为铝合金卷材，每卷重约3t，选用25t汽车起重机上料。铝卷堆放在铝卷支架的附近架空的支架上，保持通风和干燥，避免因潮湿影响铝卷表面质量。

4）面板压型

屋面板块压型加工设备出板方向设有辊轴支架，长约为10m，当生产出的屋面板超过10m时，须由屋面抬板人员抬着向前走，直至生产出足够长的铝板，当铝板长度达到设计的板长时，停止压板并切割。面板长度宜比设计略长100mm，便于将来板端切割调整。

（4）异形屋面板加工工艺

异形屋面板和标准屋面板的加工设备工作原理基本相同，但在异形屋面板加工时，需要更多的人工辅助；异形屋面板的机械加工是由两次完成的，即每次加工一个单边。

1）异形屋面板的加工流程：测量、下单→剪板→裁切→公扣加工→母扣加工。

2）测量、下单：屋面板安装班组需要把屋面板块的长度和两端头的成型板材宽度填写成加工单交给板材制作班组。

3）剪板：制作班组按加工单上屋面板块的长度，用剪板机把铝板卷材开卷成平板（图3-33）。

4）裁切：按加工单上屋面板块的两端头成型板材宽度，分别加上175mm；在平板两端头上做标记，为了保证屋面板立边的成型质量，需要用墨斗弹线，以标示出裁切的位置，然后用云石机裁切成需要的异形板（图3-34）。

图3-33 剪板

图3-34 裁切

（5）屋面板的加工

屋面板的两个立边分别叫作公扣和母扣，异形屋面板的两个立边的压型是分别进行的，压制顺序没有特殊的要求，为了防止出错，往往习惯每张板子的立边压制顺序是相同的（图3-35）。

2. 压型钢板（底板）加工工艺

（1）成型机械

该生产线的主体设备为压型板成型机（图3-36），压型机的压型工艺技术设计为35组，为计算机控制型。为适应大轧制力、高生产量，加大轧辊轴径

图 3-35 异形屋面板块的制作

图 3-36 吊顶彩钢板压型设备

至 ϕ90，轧辊选用 40Cr，表面镀硬铬。压制顺序为从板中央向两侧压制凹槽劲肋及弯边，先平轧后压大折弯。

（2）压型钢板成型加工流程

钢板卷材吊装→上放料架→开卷→进料夹送装置→冲孔试验→调整→冲孔→进料夹送装置→工厂压型→工厂喷漆→型材保护→检验→入库→包装运输。

（3）压型钢板成型加工工艺方法

压型底板侧肋打孔，孔径 2mm，孔距 4.33mm，冲孔率 20%。压型钢板侧肋打孔可以减少对截面抵抗矩的削弱，也比较美观。因侧肋与波峰和波谷转角部位的应力较大，侧肋冲孔区域距波峰和波谷的距离均不小于20mm，避开受力较大的区域。因为冲孔在钢卷上进行，为了保证压型后孔位对称，必须根据板型的展开尺寸，确定冲孔区域在钢卷的位置，同时应考虑压型过程中具有一定延展的特点。冲孔质量主要控制平整度和毛刺，检验标准为厂家的企业标准。

（4）压制成型

采用的压型机为YX-150-280-560，为数控设备，生产能力3000m²/d。冲孔区域在钢卷上的位置是不对称的，所以在压型时应注意进料的方向正确，才能保证成型后冲孔区域位于板肋的中央。

（5）工厂喷漆

本工序为关键工序，可分为基层处理、底漆喷涂、面漆喷涂三道工序。

3. 铝型材加工工艺

（1）铝型材的加工工艺流程

生产前准备→领取材料→下料→加工→型材保护→检验→入库。

（2）生产前准备

生产部接到设计部发放铝型材加工图及项目管理中心发放生产任务计划通知单后，详细核对各表单上数据是否一致。

按图纸及明细表编制工序卡，发放铝型材加工图及工序卡到相关操作者。

（3）领取材料

生产部按明细表开材料领用单。

按单领用材料，确认型号、规格、表面处理方式及数量。

（4）下料

1）用双头斜准切割机，按加工图尺寸下料。

2）下料时型材要靠紧定位面，夹紧装置把型材夹正、夹紧，型材长度过长时须增加支撑防止因重力产生的变形。

3）切割时注意保护铝材装饰面。

4）在明显处贴标识，填写对应工程名称、工序号、图纸号、操作者名及检查员检验结果，切割后的半成品应堆放整齐，以便下一道工序的使用。

5）切割机要经常性地保养，切割机使用时锯片必须经常注油。

6）工作台面必须保持干净，避免切割时的铝屑与铝材摩擦，造成划痕。

（5）铝型材冲孔、铣加工

1）冲孔使用冲床，冲孔前接上电源开关让设备空转无异常后开始安装冲压模具。

2）模具须专业人员安装，安装时调整上下模间隙，用废料进行试冲合格后开始冲压。

3）铝材冲孔后，切口必须平整、光滑。

4）冲孔过程中，应时常检查模具是否松动，如有问题必须做好相应措施予以解决。

5）加工使用国产 ZX32 钻铣床或德国产加工中心，按加工图进行加工，注意保护装饰面。

6）在明显处贴标识，填写对应工程名称、工序号、图纸号、操作者名及检查员检验结果。

（6）铝型材的保护

1）铝材擦拭干净后进行贴膜保护，贴在铝材上的塑料膜两端的超出部分不宜过长，以免浪费。

2）贴膜后的铝材应光滑，不能有皱痕与裂口。

3）贴膜完毕，应按要求堆放。

3.9.2.3 物料吊装方案

1. 铝合金屋面板的吊装及运输

航站楼工程中有多种不同规格长度的板块，最长的板块达 62m，屋面板块的吊装作业不能采用原始的吊装方式来完成。结合工程的施工现场环境情况，在屋面高空用木板搭设一个吊装作业平台，同时用于吊装人员行走的通道；从屋面高空到地面拉设几根钢丝绳，用于屋面板滑动吊装的支撑载体，施工人员用绳子将屋面板块拉到屋面高空，然后由屋面上的工人将板块抬到安装作业点。

（1）高空吊装平台

计划在东西两个施工区域的外侧各做一个吊装作业施工平台，用于完成高空吊装作业和临时存放屋面板块。吊装作业平台统一使用300mm（宽）×50mm（厚）×4500mm（长）的木板搭建；平台的宽度为1.5m，长度按钢桁架提供的足够作业长度，用12号钢丝将木板牢固地绑扎在钢结构桁架上；在木板平台上用50mm×50mm的木方钉制成防滑条，木方的间距为400mm。

（2）高空临边防护

为了吊装时转接屋面板的方便，吊装平台设置在屋面的临边外侧，需要在吊装平台的外侧设置一道临边防护栏。防护栏立杆和横杆采用L50×3mm的角钢制作，立杆的间距为2m，焊接在钢结构桁架上面，同时设置上、下两道横杆；在防护栏上设一道与防护栏同长度的8号钢丝绳，用于施工人员在临边作业时系挂安全带。

（3）吊装设施

吊装设施由两部分组成：定滑轮和钢丝绳。

在临边防护栏的每个立杆上，设一个定滑轮，即定滑轮的间距为2m，用麻绳或白棕绳穿过定滑轮，将屋面板块拉至屋面高空。钢丝绳作为屋面板的支撑载体，可选用10号单股钢丝或6号多股钢丝绳，钢丝绳的间距设置为4m，与地面的夹角以70°～80°为宜，具体情况需根据施工现场环境而定。

（4）屋面板块的吊装

屋面板块的材质为铝、镁、锰合金板，以长度为60m计算，每块板的重量约为110kg；由于铝合金屋面板块比较轻且柔软，为了避免在吊装作业时损伤，需两块板一起吊装以增强板块的刚性。

负责屋面板块吊装的施工人员站在地面，用麻绳或白棕绳通过固定在高空吊装平台上的定滑轮，将绳子反托在屋面板块的下面，依靠在斜拉的钢丝绳上；在统一指挥下，将屋面板匀速、缓慢地吊装至屋面高空平台。然后由另一组负责高空运输的施工人员将屋面板卸下，并临时堆放在高空吊装平台上。

（5）屋面板块的高空运输

屋面板块的高空运输主要是通过人工搬运的方式来完成，每间隔 4m 位置设一个人，在行人处用两块木板并排铺设一条行人通道，并用钢丝将木板牢固地绑扎在钢结构桁架上（图 3-37～图 3-39）。

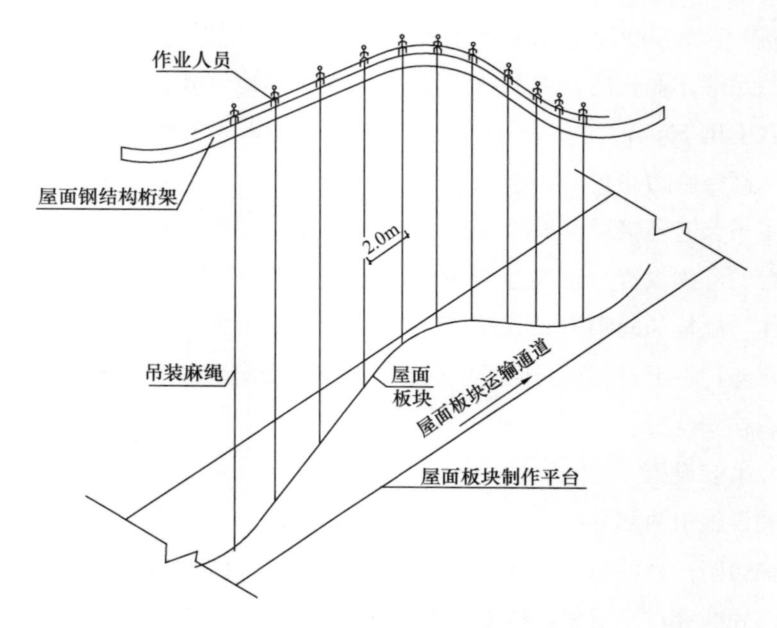

图 3-37　屋面板块吊装示意图

图 3-38　屋面板块吊装实例

图 3-39　屋面板块高空运输实例

2. 屋面钢檩条的吊装

（1）吊装设施

吊装设施由自制的吊装龙门架、ϕ20mm 的麻绳、承重为 1t 的定滑轮吊钩组成。吊装龙门架由 60mm×60mm×3.0mm 方管焊接制成。

（2）吊装设施计算：

吊绳（麻绳）容许拉力计算：

$$[F_z] = F_z/K$$

式中 $[F_z]$——吊绳（麻绳）的容许拉力；

F_z——吊绳(麻绳)的破断拉力(kN)，旧绳取新绳的 40%～50%；

K——吊绳（麻绳）的安全系数。

3. 天窗玻璃的吊装

为了防止在运输或搬运过程中对玻璃造成损伤，在玻璃出厂时，即制作钢质玻璃架，并用绷带绑扎结实。玻璃材料进场时，用汽车起重机将玻璃连同玻璃架一起吊装到二层平台放置，直到安装作业时，才散开包装（图 3-40）。

图 3-40 地面存放玻璃的架子

玻璃在吊装时，在屋面天窗的龙骨架上安装一个用于支撑吊装作业的门式架，门式架顶端固定一个定滑轮，将一个承重为 1t 的卷扬机固定在另一侧的天窗骨架上，卷扬机的钢丝绳穿出定滑轮，另一端与吊装的玻璃连接，从而形成一个吊装体系（图 3-41）。

3.9.2.4 工艺流程

金属屋面各工序安装顺序流程如图 3-42 所示。

金属屋面系统的前道工序是主体钢结构的安装，因此，金属屋面的施工作业应在钢结构作业完成、验收的前提下进行。

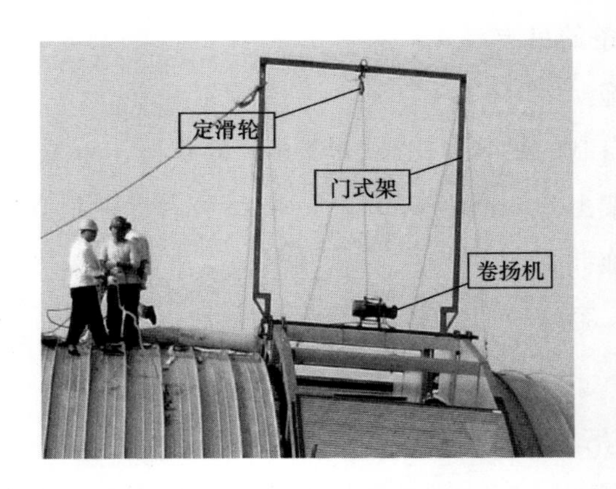

图 3-41　玻璃的吊装设施

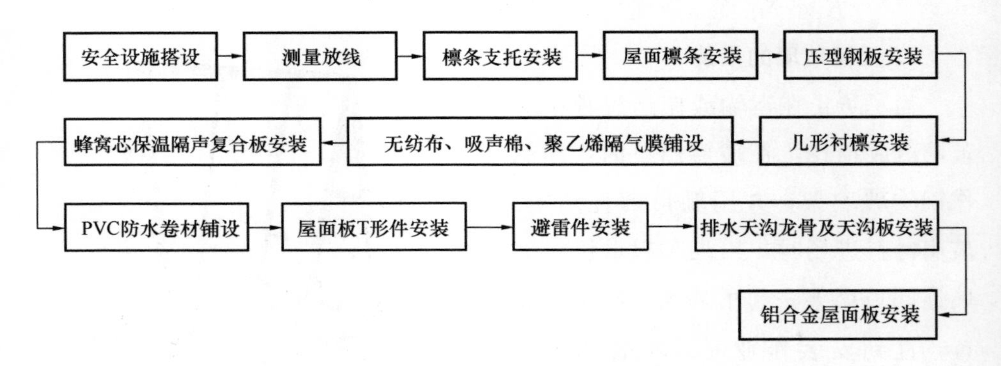

图 3-42　金属屋面各工序安装顺序流程

1. 安全设施搭设

在钢结构屋盖的上表面搭设人行上下通道、高空物料运输通道、施工平台并配置安全网、钢丝绳等形成一个高空施工安全防护体系。

（1）人行上下通道：人行上下通道主要为爬梯，爬梯以方管（□50×3.0）为主龙骨、角钢（L50×3.0mm）为次龙骨焊接而成，爬梯的宽度为 600mm，以能单人上下为宜，踏步间距为 300～350mm，两侧设置 300mm 高的护栏，用于做工人上下时的扶手；爬梯过长时，下方需设置支撑。

（2）物料高空运输通道：在金属屋面工程中物料的高空运输通道，一般情况下由两部分组成：一是在屋面钢檩条施工时，用工程材料或木板拼组成一个约 1m 宽的运输通道，并用钢丝绑扎在钢结构上，使其牢固，以方便行走；二是利用已经施工完成的工序，如屋面排水天沟。所以，屋面天沟的施工与屋面钢檩条的施工是同时进行的。其他工序施工时的材料运输，多半在天沟内完成。

（3）施工平台：在复杂的工序施工和物料高空吊装点，均需要搭建施工平台，如采光天窗的安装工序和檩条、屋面板的吊装点等。施工平台的面积根据实际需要量的 1.5 倍而定，四周必须设置防护栏杆和系挂安全带用的钢丝绳。施工平台的布置位置为采光天窗和各指廊的临边位置。

（4）安全网：在行人通道和施工作业的下方，必须设置安全网；形成最后一道密闭的安全防线。在吊料口处，可以根据物料的大小，适当开空洞；但吊料口的四周必须设置防护栏杆。

（5）钢丝绳：屋面钢檩条施工时，钢结构上用钢丝绳构成纵横交错的防护网，用于施工人员系挂安全带。在施工作业点处，钢丝绳用蹄形扣件固定在钢结构网架上悬杆上；在行人通道处，用角钢支撑起，高度以 1.2m 为宜，然后绑扎钢丝绳，以方便行走。

2. 测量放线

在金属屋面工程中，常用的测量放线工具有水平仪、经纬仪、钢丝线、墨斗等；涉及的工序有檐口龙骨、天沟龙骨、屋面檩条及支托和屋面板 T 形支座安装等。

测量工作主要有以下几项：

（1）对钢结构屋盖顶面的标高、轴线位置根据其完工质量进行复测。

（2）根据板材安装排板图进行檩条、屋面底板、屋面板固定座的控制线测量。

（3）对其他构造节点（如天沟标高、中心位置线，屋面与其他单位的幕墙连接位置、天窗边线、檐口收边板）的控制线测量。

（4）根据工程的钢结构施工图，用计算机进行三维建模，并在模型上量出各檩条安装点及屋面板固定座控制点的坐标，统计出檩条、屋面板固定的安装标高、位置的各种数据。

（5）做好与土建（总包）单位各标高、轴线位置各基准点的交接工作。

（6）根据屋面工程测量需要，在地面测设出并加密各水平面的基准水准点，并且对各立面基准水准点进行闭合差调整，保证各点都在同一水平面。

（7）根据已交接的基准线及屋面工程测量各种控制线，按需要进行加密并闭合。

3. 檩条安装

屋面檩条支托是金属屋面和钢结构网架的连接件；檩条与檩条支托通过焊缝连接，其上表面经自攻螺钉与金属屋面相连；檩条安装时必须对钢结构网架的安装误差进行调整（图 3-43）。

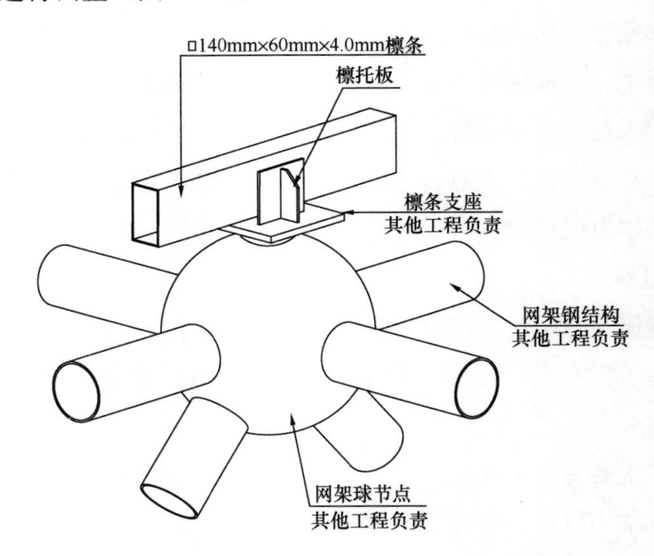

图 3-43　屋面檩条及支托板安装轴测图

檩条安装时，需要先用经纬仪定位屋面基层的标高，求出屋面轮廓线；点焊固定；屋面檩条的安装水平误差控制在±5.0mm 以内。檩条、支座和支托板之间连接处满焊，焊缝质量满足“三级焊缝”要求。

4. 压型钢板安装

金属屋面系统压型瓦支撑结构选用 0.8mm 厚压型钢板，板型为 130/300

型；压型钢板的冲孔率为30%，孔径为2mm（直径）。板长为两根檩条跨度，根据现场情况实测。用自钻自攻螺钉（固定件）固定在屋面钢檩条上翼缘上，固定件的间距为600mm，即每间隔两个压型槽内固定一个螺丝钉。相邻板块间，长边搭接一个波，短边搭接不小于100mm。相邻板块的搭接处，两端部用螺丝钉固定；中间部分用铝铆钉固定，间距约500mm，以在地面看不到接缝为宜（图3-44～图3-47）。

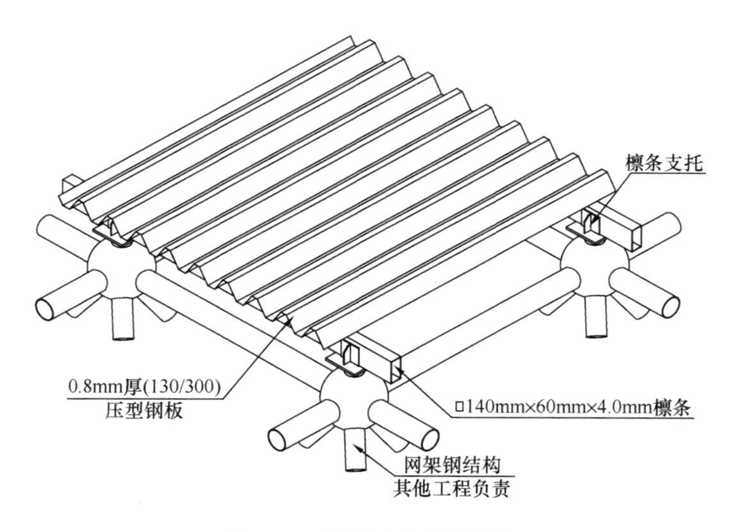

图3-44 压型瓦安装轴测图

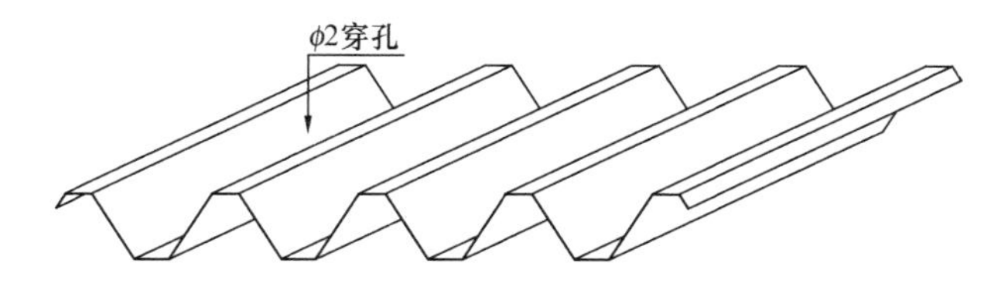

图3-45 压型瓦效果图

5. 几形衬檩安装

屋面几形衬檩采用2.0mm厚镀锌钢板，材质Q235B，锌层厚度不小于80μm。折成90mm×60mm×30mm几字形；单根衬檩长度由普通折板机的型号来确定，长度为3.2m。

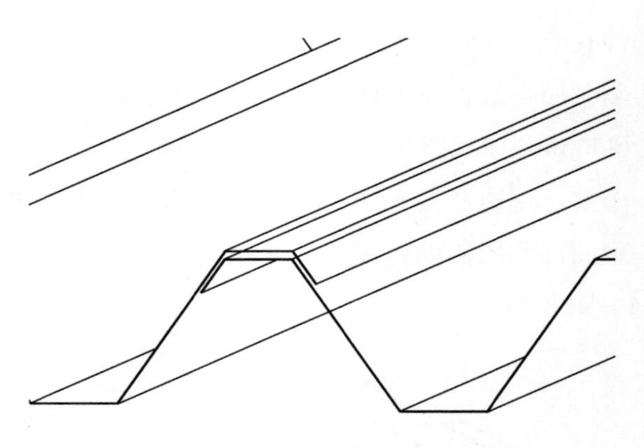

图 3-46　相邻板块长边搭接示意图

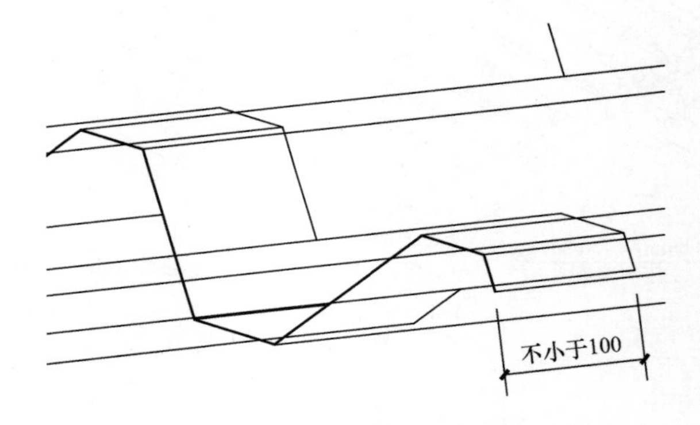

图 3-47　相邻板块短边搭接示意图

屋面几形衬檩安装在压型钢板之上，用铆钉固定，固定件间距为两个压型瓦波纹，即 600mm，其作用于安装屋面板铝支座（T 形码）。安装方向与屋面主檩条方向相同，安装间距为 1500mm（图 3-48、图 3-49）。

6. 无纺布、吸声棉、聚乙烯隔气膜铺设

无纺布和玻璃纤维吸声棉构成金属屋面系统的吸声层。无纺布的作用主要是用来防尘，以免玻璃纤维棉的碎渣，透过穿孔钢底板落入室内，从而造成污染；玻璃纤维棉的作用是用来减弱空气中的噪声和保温。无纺布选用密度 $80g/m^2$ 的无经纬线纺织布；吸声棉选用 50mm 厚、密度 $16kg/m^3$ 的玻璃纤维丝棉。在吸声层铺设时，无纺布搭接满铺，搭接宽度不小于 100mm；吸声棉

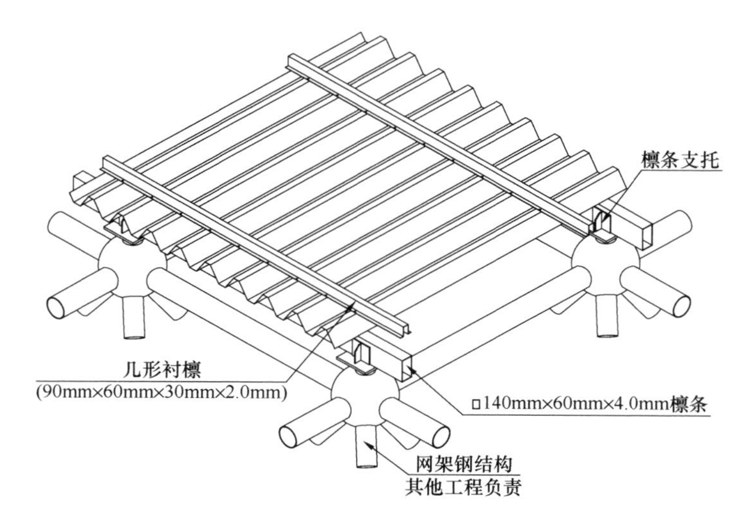

图 3-48 几形衬檩安装轴测图

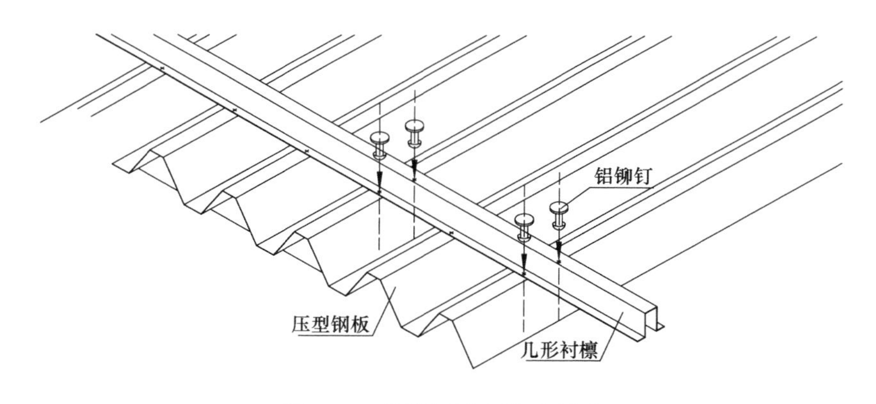

图 3-49 几形衬檩安装示意图

采用单层对接的安装方式，以防止搭接局部过厚，造成蜂窝板凸起顶屋面板，致使屋面板咬合不紧的现象发生。

聚乙烯隔气膜是金属屋面系统的透气层。选用 0.25mm 厚、密度为不小于 108g/m^2 的高密度防粘聚乙烯隔气膜；施工时，采用单层搭接的方式安装，搭接宽度不小于 100mm。安装完成后，无纺布、吸声棉和聚乙烯隔气膜被压缩在压型瓦的凹槽内（图 3-50）。

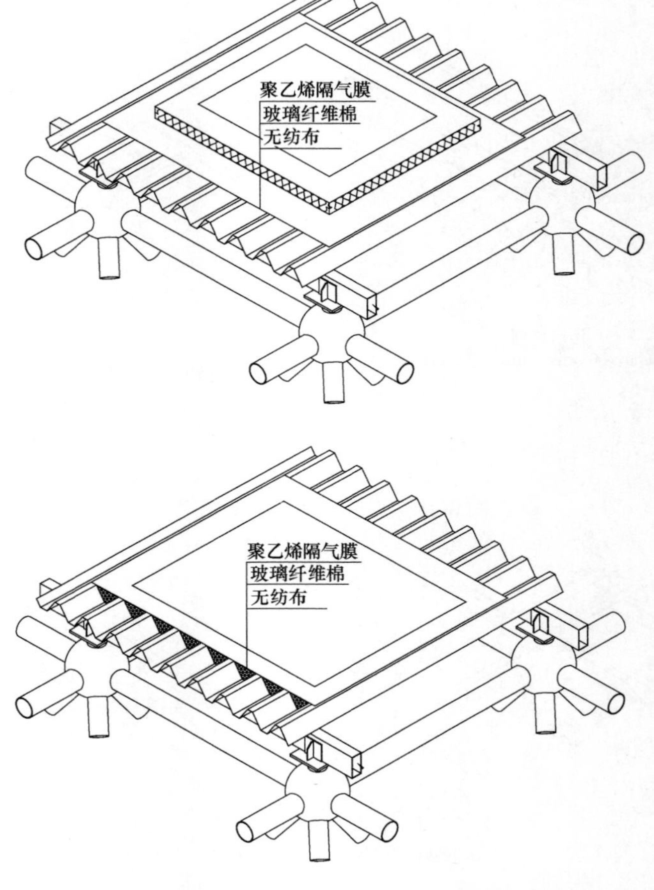

图 3-50　无纺布、吸声棉、聚乙烯隔气膜铺设示意图

7. 蜂窝芯保温隔声复合板安装

蜂窝芯保温隔声复合板是由蜂窝纸芯作内体材料，外表面再粘覆特殊材料而制成的一种蜂窝隔声隔热复合材料。蜂窝纸芯是由多层纸张通过粘结、切断、烘干、拉伸复合工艺成为仿蜂窝巢孔格状的连续正六角形轻质芯材；表面是改性硅镁类材质，属于不燃材料，具有较高的表面硬度。生产过程中，通过其与蜂窝纸芯的良好结合，将芯材严密封闭，使其具有防火、防湿、保温、隔声、耐久的性能。

蜂窝芯保温隔声复合板需要根据施工现场实际情况测量下单、加工制作，板面的四周均用改性硅镁类材料密封；采用的蜂窝芯保温隔声复合板为45mm厚、密度为19kg/m^2；双层铺设，厚度达90mm。安装扣件有水平卡件和垂直卡件两种固定件，用自攻螺钉固定在几形衬檩上。水平卡件设置在复合板的四个转角处，用两个钉子分别固定在复合板和衬檩侧壁；垂直卡件设置在衬檩上方，用来压制复合板，以防止其滑动；固定件安装间距约500mm（图3-51、图3-52）。

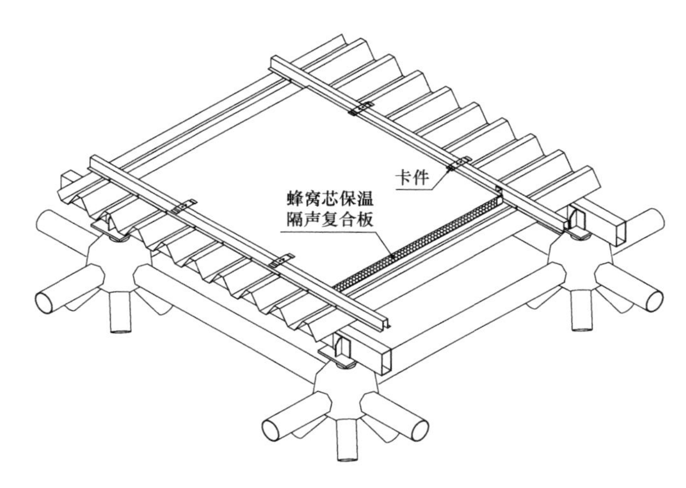

图3-51 蜂窝芯保温隔声板安装效果图

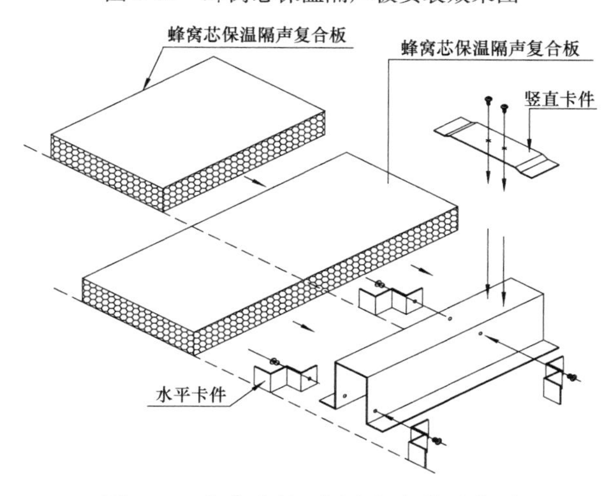

图3-52 蜂窝芯保温隔声板安装示意图

8. PVC防水卷材铺设

金属屋面系统设置了一道二次防水附加层，材料选用1.2mm厚PVC防水卷材。施工时，采用空铺的方式安装；相邻两块卷材间搭接宽度不小于100mm。防水卷材与屋面板T形件同时施工，即用屋面板T形件固定防水卷材。

防水卷材铺设施工时的注意事项：在屋面拐角、天沟、落水口、玻璃天窗等节点部位，必须仔细铺平、贴紧、压实、收头牢靠，符合设计要求和施工验收规范的有关规定；卷材铺贴时应避免过分拉紧和皱折，卷材应保持松弛状态，不允许有翘边和脱层现象；刮大风时，不得铺贴卷材。

9. 屋面板T形件安装

"T"码即直立锁边金属屋面系统的铝合金T形固定支座（图3-53）。"T"码是将屋面风载传递到次檩的受力配件，如果支座水平位置偏差超过5mm（即该支座与其他支座纵向不在一条直线上），必然影响板在纵向的自由伸缩，当板受热膨胀时可能会在偏差支座处过大阻力作用下隆起，或板肋在长期的摩擦力作用下破损造成漏水。它的安装质量直接影响到屋面板的抗风性能，"T"码的安装误差还会影响到金属面板的纵向自由伸缩，因此，"T"码安装成为关键工序。

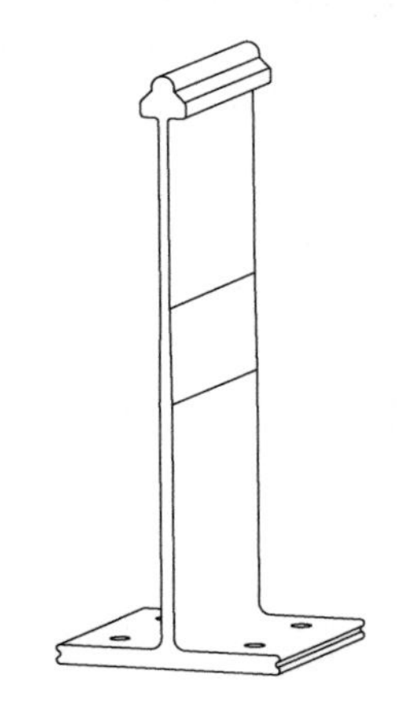

图3-53 铝合金T形支座

"T"码的安装工艺：施工前准备→测量放线→安装→复核→调整→验收。

"T"码安装主要有以下几个施工步骤：

（1）测量定位：用经纬仪将轴线引测到次檩条上，作为"T"码安装的纵向控制线。第一列"T"码位置要多次复核，以后的"T"码位置用特殊标尺确定。"T"码沿板长方向的位置只要保证在檩条顶面中心，"T"码的数量决定屋面板的抗风能力，"T"码沿板长方向的排数按建筑物的高度、屋面坡度、不同位置和迎风方向、最不利荷载（屋顶转角和边缘区域）等因素而定，尤其是转角和边缘部位更是重点。边缘的第一条线确定后，向另一侧偏移 405mm 放线，依次类推。

（2）安装“T”码

待测量放线工作完成并复查无误后，用电钻打自攻螺钉，要求螺钉松紧适度，不出现歪斜，当螺钉歪斜或滑丝时必须重新打或加固一颗螺钉。安装时螺钉与电钻必须垂直于檩条上表面，扳动电动开关，不能中途停止，螺钉到位后迅速停止下钻。这时，面板支架位置会有一点偏移，必须重新校核其定位位置，方可打入另一侧的自攻螺钉。安装“T”码时，其下面的隔热垫必须同时安装（图 3-54），每钻完一个螺钉孔，立即打一颗螺钉。中间部位每个“T”码要求对称打两颗螺钉，临边及上墙部位每个“T”码要求对称打四颗螺钉。“T”码的安装间距为 405mm，纵向、横向允许误差均要求不大于±3.0mm。

（3）复查“T”码位置

用拉线的方法检查每一列“T”码是否在一条直线上，如发现有较大偏差时，在屋面板安装前一定要纠正，直至满足板材安装的要求。

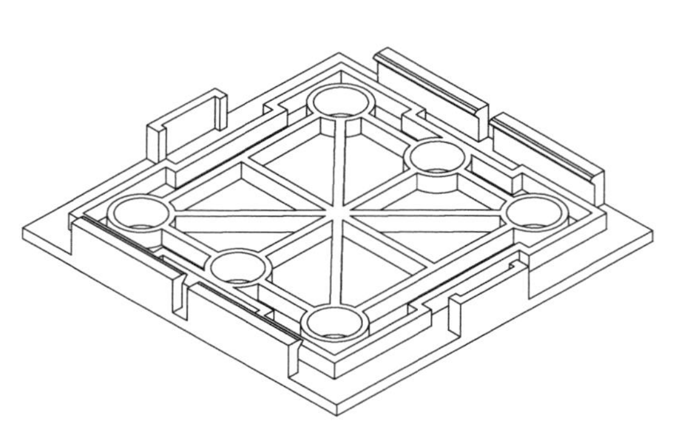

图 3-54　隔热垫

面板支座（“T”码）沿板长方向的位置要保证在檩条顶面中心，支座在水平面产生扭转角度是支座安装时的通病。其产生的原因主要是在打固定螺钉时，支座没有压紧或标尺间隙过大，支座在扭转力的作用下产生旋转，而施工工人未加纠正，该偏差也会使板肋产生摩擦造成漏水。此外，在支座安装时如发现标高有误差，仍须对檩条进行调整，以确保支座达到安装要求。

（4）验收

自检合格后，报总包、监理单位验收，并作好隐蔽及检验批记录工作。

10. 屋面排水天沟龙骨及天沟板安装

（1）天沟龙骨安装

屋面排水天沟龙骨架材料选用 80mm×80mm×3.0mm 方管，材质为 Q235，表面处理环氧富锌底漆 75μm，环氧云铁中间漆 125μm；龙骨架安装间距为 800mm。

安装质量要求如下：

1）底部天沟骨架呈水平状态，相邻骨架间高低落差不大于±5.0mm；

2）底部天沟骨架安装间距误差不大于 20mm；

3）两侧天沟骨架呈直线状态，直线度误差不大于 10mm；

4）两侧天沟骨架安装间距误差不大于 20mm。

（2）天沟板安装（图 3-55）

不锈钢天沟采用氩弧焊接，焊接前先将切割口打磨干净，焊接时注意焊接缝间隙不能超过 1mm，可每隔 10cm 点焊，检查后再焊紧，焊缝一遍成型。对直线天沟，为加快天沟安装速度，可在地面将各节天沟独立制作，然后吊到安装位置对接焊牢。水槽每间隔 30m 设有一个伸缩件，以保证水槽在温差作用下有热胀冷缩的移动空间。天沟每 10m 间距设置一个方形集水斗，与下端的

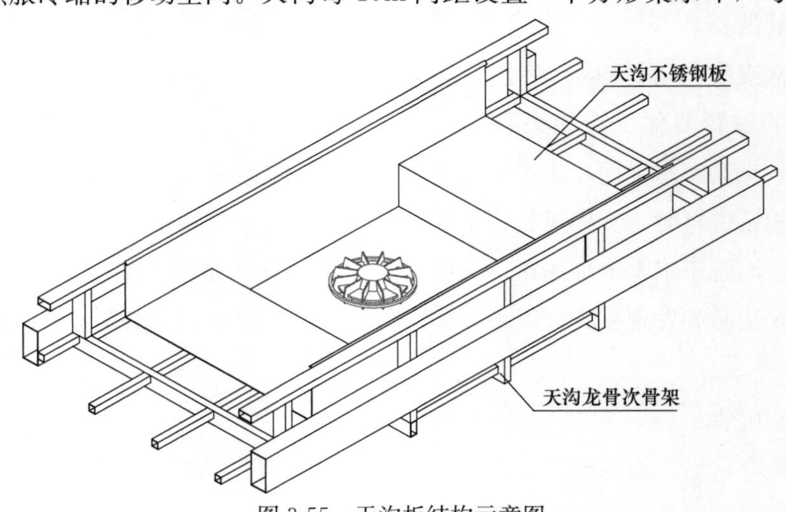

图 3-55　天沟板结构示意图

喇叭形导流管连接，连接方式为氩弧焊接。

天沟安装好后，除应对焊缝外观进行认真检查外，还应在雨天检查焊缝是否有气孔渗水。

11. 屋面板安装方案

（1）放线

在“T”码安装合格后，只需设板端定位线，一般以板出排水沟边沿的距离为控制线，板块伸出排水沟边沿的长度以略大于设计为宜，以便于修剪。

（2）就位

施工人员将板抬到安装位置，就位时先对准板端控制线，然后将搭接边用力压入前一块板的搭接边，最后检查搭接边是否紧密接合。

（3）咬边

屋面板位置调整好后，用专用电动咬边机进行咬边，要求咬过的边连续、平整，不能出现扭曲和裂口。在咬边机咬合爬行的过程中，其前方 1mm 范围内必须用力卡紧使搭接边接合紧密，这也是机械咬边的质量关键所在。当天就位的屋面板必须完成咬边，以免来风时板块被吹坏或刮走。

（4）板边修剪

屋面板安装完成后，需对边沿处的板边进行修剪，以保证屋面板边缘整齐、美观。屋面板伸入天沟内的长度以不小于 150mm 为宜（图 3-56～图 3-59）。

图 3-56　屋面板安装（就位）实例

图 3-57　屋面板临时手动咬合实例

图 3-58　屋面板电动咬合实例

图 3-59　板边修剪实例

（5）屋面板的安装要点

1）铝合金屋面板安装采用机械式咬口锁边。屋面板铺设完成后，应尽快用咬边机咬合，以提高板的整体性和承载力。

2）当屋面板铺设完毕，对完轴线后，用人工将面板与支座对好，先在板端用手动咬边机咬合，再将咬口机放在两块屋面板的肋边接缝处上，由咬口机自带的双只脚支撑住，防止倾覆。

3）屋面板安装时，先由两个工人在前沿着板与板咬合处的板肋走动。边走边用力将板的锁缝口与板下的支座踏实。后一人拉动咬口机的引绳，使其紧随人后，将屋面板咬合紧密。

12. 屋面檐口施工

（1）挑檐钢龙骨安装

1）挑檐桁架的地面拼装

挑檐桁架现场放样、下料及拼装。

下料前根据设计图纸规定的尺寸制作胎架，并对要制作的构件放大样。报现场相关技术、质检人员根据设计图纸规定的尺寸对所放大样进行校核，校核合格后方可用机械或等离子切割设备将所需零件切割成型，切口必须确保平直、光滑而无钢刺。然后将切割成型的主钢结构材料在制作好的胎架上拼装，拼装完成后必须报现场相关技术、质检人员检查，合格后方可批量生产(图 3-60)。

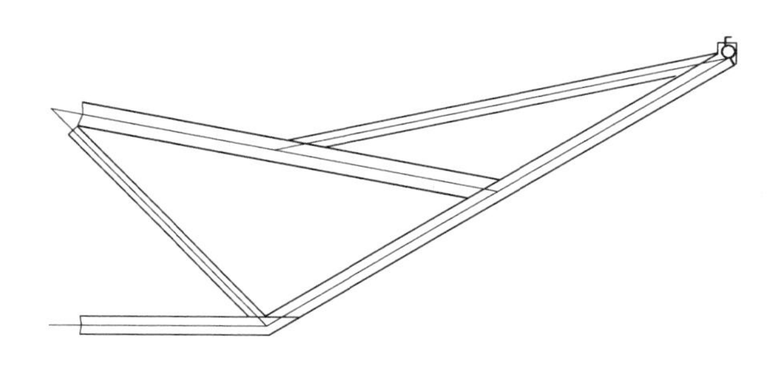

图 3-60 挑檐桁架的地面拼装

2）挑檐桁架的吊装

挑檐桁架单榀重量在300kg左右，根据施工现场条件可采用25t汽车起重机将拼装好的挑檐桁架提升至指定高度。在主钢结构桁架上标记两点，根据此两点定位挑檐最外点，成三点一线固定，施工人员进行定位焊（图3-61）。

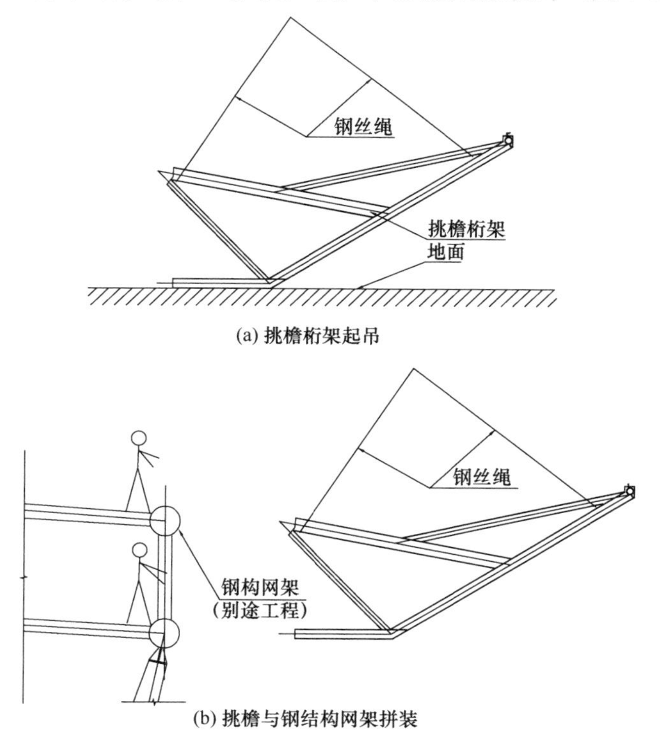

(a) 挑檐桁架起吊

(b) 挑檐与钢结构网架拼装

图 3-61 挑檐桁架的吊装（一）

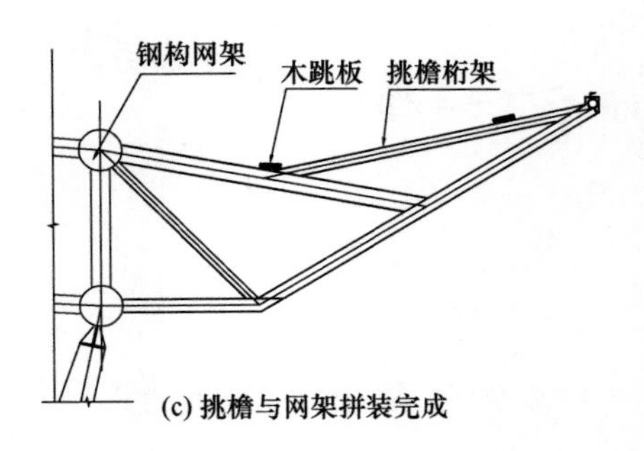

图 3-61　挑檐桁架的吊装（二）

3）天沟安装

当挑檐吊装、焊接完毕后在两片之间搭设跳板，两片之间按图纸技术要求用方管连接（图 3-62）。

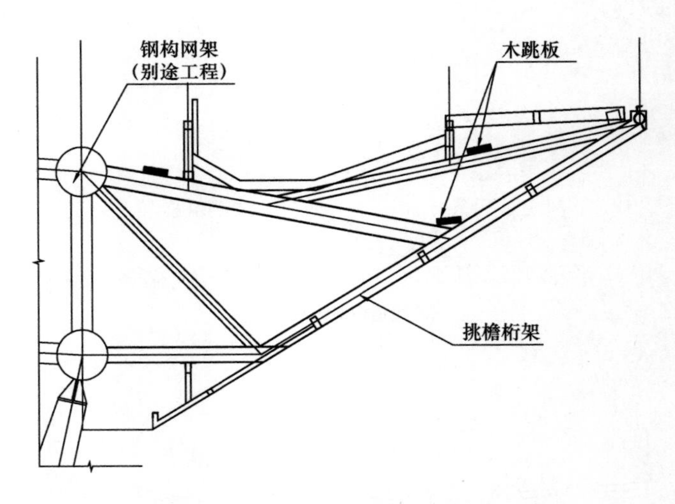

图 3-62　天沟龙骨等零件拼接

（2）蜂窝铝单板安装

航站楼工程一般蜂窝板面积大，且悬挑长，悬挑高度大，拟采用悬挑式吊篮施工。吊篮主要由悬吊平台、安全锁、工作钢丝绳、安全钢丝绳、悬挂机构系统组成。

1）安装流程

转运材料→制作悬挂吊篮→安装牵引钢丝绳→安装吊篮→自检并确认安装牢固→试运行→验收合格。

2）吊篮安装示意（图 3-63）。

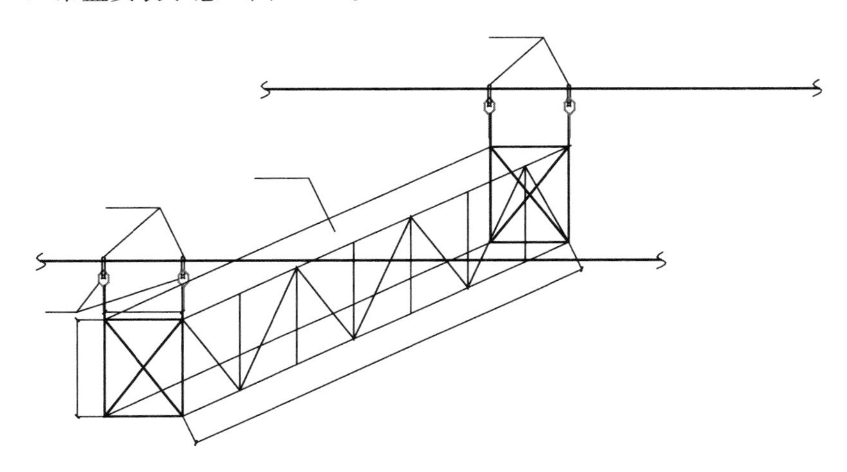

图 3-63 吊篮安装示意图

3）吊篮安装程序

每只吊篮采用两根 ϕ14 钢丝绳，一端直接绑在主体结构的檩条上，另一端采用 2t 捯链与结构主檩条连接后拉紧，再将钢丝绳连接在主体结构上，做到双保险。

在桁架上弦杆位置，采用钢丝绳编接成环形通过 ϕ20 卸扣与钢结构连接，钢丝绳的编接长度不小于 300mm。

为防止在吊篮安装后，由于吊篮自身重力出现过大的下挠度，使檐口蜂窝板与吊篮之间距离过大影响屋面吊顶板的安装，须在每根钢丝绳上每间隔 10m 左右设固定点，固定点采用 ϕ14 短钢丝绳在与主体结构的悬杆连接后再与钢丝绳连接。

吊篮的提升方法，采用在地面设置卷扬机，通过在屋面檩条安装定滑轮，将吊篮提升至高空位置。

在提升过程中必须保证吊篮的平稳，在提升时，操作卷扬机人员听指挥人员指挥。

在吊篮通过卷扬机提升到安装位置后，须与钢丝绳连接，考虑到吊篮的水平位置的滑移方式与钢丝绳的连接采用 ϕ20 卸扣连接（图 3-64）。

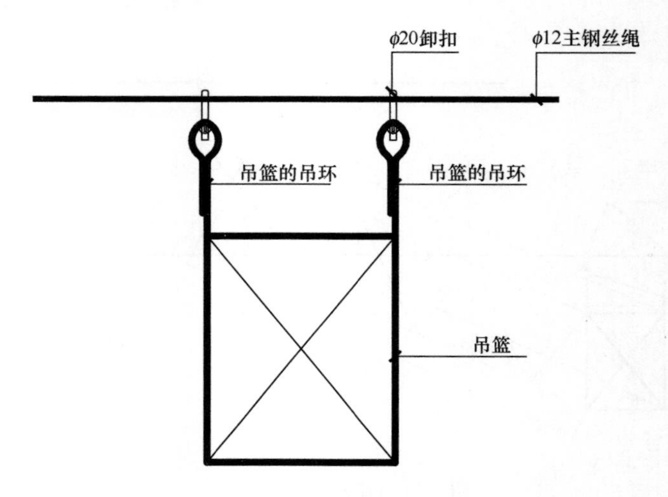

图 3-64 吊篮安装示意图

吊篮采用卸扣连接：一是为了使吊篮拆装方便，二是减少在与钢丝绳水平滑移时的摩擦。

当屋面施工完一个区域后需水平位移时，所有安装工人必须从吊篮内出来。

通过系在吊篮上的两根钢丝绳的牵拉，实现吊篮的水平位移。

在将吊篮与钢丝绳连接时，施工人员必须将安全带（而且为双钩）与身体连接，只有将全部吊篮的吊点与钢丝绳连接后，才能开动卷扬机、下钩。

吊篮的水平移位，施工人员不得在吊篮内，在牵拉吊篮时，施工人员必须在桁架走道上进行，并系好安全带。

吊篮内施工的所有施工人员必须将安全带（双钩）挂在生命绳上，不得与吊篮连接。

在吊篮的施工位置必须与吊篮平行方向设置独立的 ϕ8 钢丝绳作为生命绳，

吊篮内的施工人员施工时必须与安全钢丝绳连接，不得将钢丝绳与吊篮连接、钢丝绳与建筑物连接固定。

严禁在阵风风速大于 10.8m/s（相当于 6 级风力），环境温度在 −20℃以下，40℃以上及雨、雷电和大雾等恶劣天气情况下使用吊篮施工，严禁在 150lx 光照度以下的环境中操作吊篮。

严禁使用带油脂的钢丝绳，安全锁不得有污物，不得接触油类，使用到期后，必须及时更换。

13. 虹吸排水系统安装方案

（1）虹吸排水系统安装工艺流程

施工准备→预留预埋→斗体安装→支架安装→悬吊管安装→立管安装→埋地管安装→灌水、通水试验→系统接驳→交工前检查→验收交工。

（2）预留预埋

积极配合结构专业的施工进度，根据设计的雨水出户管的标高、位置、管径，进行精准定位，在相应位置预留墙洞。

1）雨水斗安装离墙至少 1.0m。

2）雨水斗之间的距离不能大于 20m。

3）不锈钢雨水斗安装时在天沟预留开孔，25L/s 雨水斗处开洞为直径 290mm 的圆形，45L/s 雨水斗处开洞为直径 290mm 的圆形，60L/s 雨水斗处开洞为直径 290mm 的圆形，100L/s 雨水斗处开洞为直径 290mm 的圆形。横向位置在天沟中央，横向偏移误差不大于 10mm，纵向位置按照定位图定位，纵向偏移不大于 10mm。雨水斗与屋面用氩弧焊满焊连接。

（3）管道安装

通常按照屋面雨水斗—支管—水平管—立管—出户管的顺序进行施工（在实际安装过程中，有可能根据具体的施工条件做出适度的调整），能够预制的尽量预制。

HDPE 管固定系统安装。对于 HDPE 管道的固定系统采用欧洲进口固定系统，为工厂生产的成品，已经热镀锌处理。除与网架及钢结构的连接外，均不需用电焊以及油漆处理，最大限度地减少由于工人操作水平不一致导致系统安装质量不稳定的问题，施工人员只要按照要求进行简单的装配就可以。

14. 天窗系统安装

天窗系统安装示意见图 3-65。

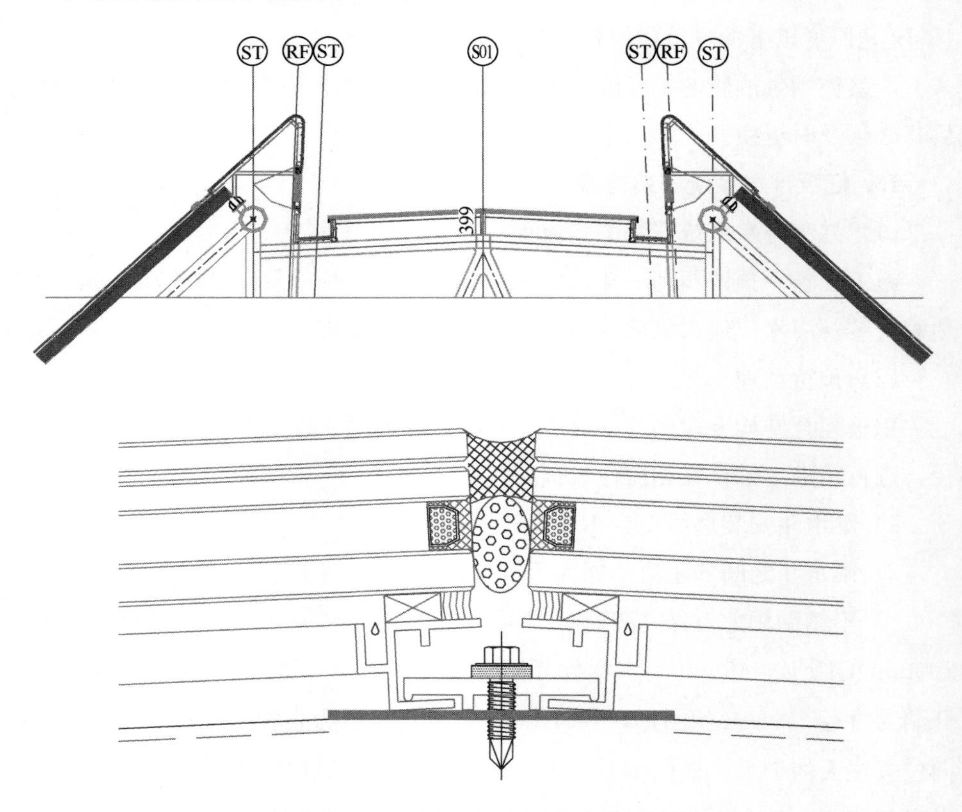

图 3-65　天窗系统安装示意图

（1）测量放线

1）测量放线必须仪器工具齐全，且经过检测合格后方可使用。

2）所有测量数据必须经过复核，若超过允许误差，应查找原因及时纠正。若在误差范围内，确认后进行下一步连线工作。

3）测量放线内容。

在测量放线过程中，必须在钢结构屋盖相关的表面画出下列各线。

① 天窗钢结构安装位置线；

② 天窗钢结构安装标高定位线；

③ 天窗钢结构安装水平（倾斜）面的定位基准线（测量基准点）。

（2）天窗钢结构安装

1）按照图纸与上述定位基准线进行天窗钢结构的安装。天窗钢结构型钢表面热浸镀锌，不同规格的镀锌方钢管通过钢牛腿焊接连接而成，并用角码、螺栓连接固定，焊接时电流要适当，焊缝成型后不能出现气孔和裂纹，也不能出现咬边和焊瘤，焊缝尺寸应达到设计要求，焊缝应均匀，焊缝成型应美观。

2）天窗钢结构的安装要求

天窗钢结构安装后必须达到下列要求：

天窗钢结构上表面标高误差不得大于 1.5mm；

相邻两根天窗钢结构上表面的相关部位必须位于同一平面内，误差不得大于 1mm。

（3）铝框的安装

用不锈钢机制螺钉将开启窗边框安装在二次钢结构上，铝框与天窗钢结构之间的橡皮垫必须平整，其上下表面分别与天窗钢结构的上表面和铝框的下表面密贴，不得起皱，边缘齐整（图 3-66）。

（4）玻璃板块安装（图 3-67）

1）玻璃安装应将尘土和污物擦拭干净，玻璃板块的组装是在组装厂中进

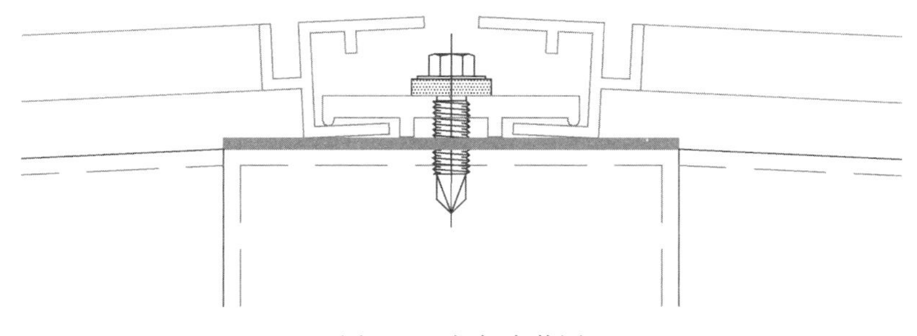

图 3-66 铝框安装图

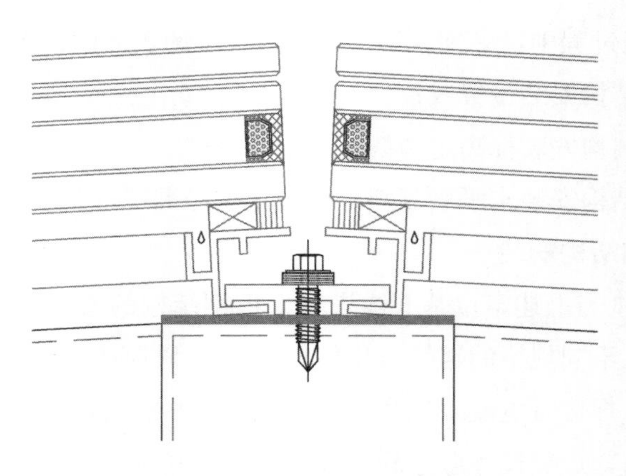

图 3-67　玻璃板块安装图

行，将玻璃副框、边框型材通过双面胶条、结构胶与玻璃粘结，固化后运至现场安装。安装时，将玻璃副框与龙骨扣合，调整玻璃平面的进出位置。

2）玻璃与构件避免直接接触，玻璃四周与构件凹槽底保持一定空隙，每块玻璃下部不少于两块弹性定位垫块，垫块的宽度与槽口宽度相等（不小于凹槽的宽度 3mm），长度不小于 100mm，玻璃两边嵌入量及空隙符合设计要求。

3）同一平面的玻璃平整度要控制在 3mm 以内，嵌缝的宽度误差也控制在 2mm 以内。

（5）开启扇及电动系统安装

天窗铝框安装完毕后，将不锈钢铰链一边安装在开启扇上，移近开启窗边框，用木方顶住开启扇下端，将不锈钢铰链另一边安装在边框上，通过调整不锈钢铰链，使开启扇与边框四周搭接宽度应均匀，允许偏差±1mm。随后调整安装防滑型不锈钢辅撑、单执手多连锁系统。

开启窗装配后，不应有妨碍启闭、插销上锁的下垂、翘曲或扭曲变形。

（6）注胶

当板材安装之后，就应进行密封处理及对墙边、天窗顶部、底部等进行修边处理（图 3-68）。打密封耐候胶时应特别注意：

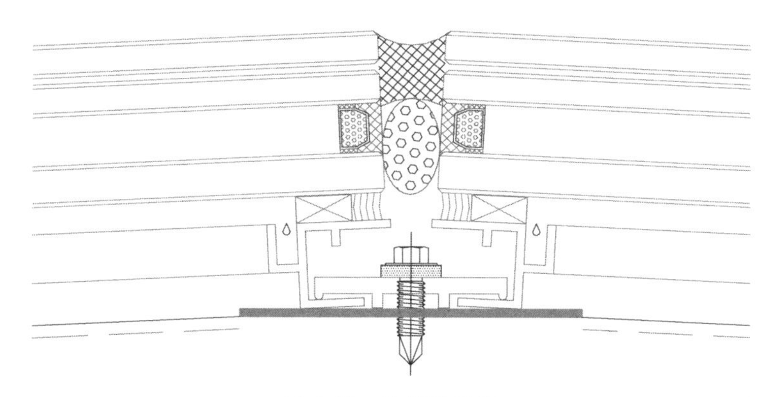

图 3-68 注胶示意图

1）充分清洁板材间隙，不应有水、油渍、灰尘等杂物，应充分清洁粘结面，加以干燥。可用二甲苯或甲基二丙酮作清洁剂。

2）为调整缝的深度，避免三边粘胶，缝内应满填聚氯乙烯发泡材料（小圆棒）。

3）打胶的厚度应在 3.5～4.5mm 之间，不能打得太薄或太厚，且胶体表面应平整、光滑，玻璃清洁无污物。封顶、封边、封底应牢固美观、不渗水，封顶的水应向里排。

（7）天窗系统檐口包边铝板施工方案

屋面天窗系统铝板檐口采用 25mm 厚铝蜂窝板（正面板 1.0mm，背面板 0.5mm）（图 3-69）。

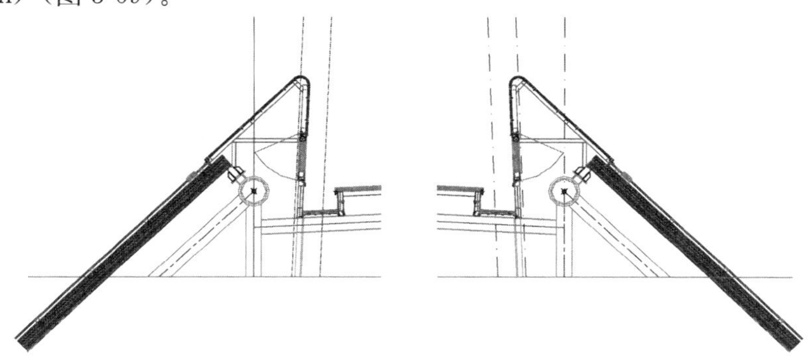

图 3-69 天窗系统檐口包边铝板施工图

铝板檐口施工流程为：测量放线→二次钢结构→檩条安装→蜂窝铝板块安装→收边铝条及密封胶条安装。

1）测量放线

测量放线必须仪器工具齐全，且经过检测合格后方可使用；

所有测量数据必须经过复核，若超过允许误差，应查找原因及时纠正。若在误差范围内，确认后进行下一步连线工作。

2）檩条安装

檩条安装在二次钢结构上，用檩托、螺栓固定。安装方法为先测量放线，检查合格后，安装檩托。檩托角码一头固定在主檩条上，另一头与檩条固定。檩条与钢结构顶面的角度应为直角，保证檩条安装后顶面在屋面剖面的曲线上，即檩托应在屋面曲线的法线方向上，其与原主檩表面的夹角要保证为90°±1°，位置偏差在5mm内。

3）蜂窝铝板板块安装

蜂窝铝板板块安装采用压块固定方式，以保证板块的抗震变形承受力，板块在安装时要不断地进行水平、垂直度检测并及时调整，以保证板块整体的平整度。

4）收边铝条及密封胶条安装

当板材安装之后就应进行密封处理。板块与板块之间用密封胶条密封、蜂窝铝板板块与天窗玻璃板块之间用收边铝条进行收口，安装时对板块进行微调，保证密封胶条或收边铝条安装稳固，以防脱落或对板块过分挤压。

3.10 后浇带与膨胀剂综合用于超长混凝土结构施工技术

3.10.1 概述

所谓“无缝结构”是个相对概念，根据结构情况，可无缝或少缝。它指的是释放收缩应力的后浇缝，不包括沉降缝。其设计思路是“抗放兼备，以抗为主”的原则，也即用UEA补偿收缩混凝土作为结构材料，在硬化过程中产生的膨胀作用，由于钢筋和邻位约束，在结构中建立少量预压应力σ_c。

考虑结构强度的安全，膨胀不能太大，且在硬化14d基本结束。经研究，UEA替代水泥量10%～15%范围内，对强度不影响，其膨胀率$\varepsilon_2=(2\sim3)\times10^{-4}$，在配筋率$\mu$=0.2%～0.8%时，可在结构中建立0.2～0.7MPa预应力，这一预压应力大致可以补偿混凝土在硬化过程中产生温差和干缩的拉应力，从而防止收缩裂缝，或把裂缝控制在无害裂缝范围内（小于0.1mm）。基于这一“抗”原理，采用UEA混凝土时，后浇缝的间距可延长至50m，比规范要求的20～40m增长1倍左右，这是无缝结构的“少缝”含义。

航站楼工程普遍存在钢筋混凝土结构长度150m以上、水平面积3万m^2以上，设置后浇缝以防止结构收缩开裂成为必要措施。然而，它给结构设计和施工带来一定麻烦，工期延长，模板周转费、降水费和施工管理费都增加。

3.10.2 施工要点

膨胀剂主要功能是补偿混凝土硬化过程中的干缩和冷缩。为避免收缩开裂，它可以应用于各种抗裂防渗混凝土，尤其适用于与防水有关的地下、水工、海工、地铁、隧道和水电等钢筋混凝土结构工程。

选用膨胀剂时，首先检验它是否达到行业标准。主要看三项：一是碱含量不大于0.75%，二是水中7d限制膨胀剂不小于0.025%，三是掺量不大于12%（一般规定掺量不大于8%才能入市）。

将UEA按8%～12%内渗（取代水泥率）水泥中，可拌制成补偿收缩混凝土，其限制膨胀率为0.02%～0.04%，在钢筋和邻位约束下，可在混凝土中建立0.2～0.7MPa的预压应力，这一预压应力大致可抵消混凝土硬化过程中产生的收缩拉应力，使结构不裂或控制在无害裂缝范围内。

膨胀加强带的设置。膨胀加强带宽为2m，两侧架快易收口网，为防止混凝土压破快易收口网，在上下层主筋之间点焊$\phi8@100$的双向钢筋加强网。膨胀加强带与梁板混凝土同时浇筑，浇筑时一般采用3台混凝土泵，泵管沿膨胀加强带方向布置，一条在膨胀加强带内后退浇筑膨胀混凝土，另外两条在膨胀加强带两侧S形后退浇筑一般梁板混凝土。塔式起重机吊斗配合膨胀带浇筑的泵机施工。

后浇带待结构完成两个月后浇筑。

后浇带及加强带的留置位置的选择原则。首先，在楼板上确定后浇带位置，后浇带与后浇带间、后浇带与结构缝或结构边的距离按不大于60m考虑，同时要根据楼板梁、预留洞、剪力墙布置合理选择后浇带位置。其次，在后浇带与后浇带间、后浇带与结构缝或结构边间插入加强带，以后浇带、加强带为间隔，确保每段楼板长度小于35m。

3.11 跳仓法用于超长混凝土结构施工技术

3.11.1 概述

楼板“跳仓法”施工利用“抗放兼施”的原理，先将超长楼板结构按合适的大小分仓，每仓的浇筑时间按理论计算或有限元分析所得的最优施工流程，并结合其他专业施工的要求，进行总体部署，但基本原则是相邻仓间隔至少7d后才能施工相连。“跳仓法”运用“放”的原则，在7d内释放早期温度及收缩应力，最后通过封仓将结构连成一起，抵抗剩余的温度及收缩应力，“先放后抗”，最后“以抗为主”。

“跳仓法”施工要求设计、施工、监理、供货商做好综合技术措施，特别是加强原材料质量控制与结构的保温、保湿措施，充分利用混凝土的后期强度等措施，借以避免产生有害开裂。“跳仓法”施工可取消膨胀剂及纤维，并在适当条件下取消部分预应力，是一项可以加快工期，具有显著经济技术效益的新技术。

3.11.2 施工要点

1. 混凝土原材料控制

混凝土原材料控制与配合比设计的原则是在保证抗压强度满足要求的条件下，尽量提高抗拉、抗拆强度，同时从减少水泥用量与用水量两个方面减少混凝土的温度收缩与干燥收缩。混凝土原材料与配合比要经试配合格，满足所需的强度、施工性能后方可最终确定。

2. 分仓缝处理

（1）跳仓施工缝处可使用快易收口网，也可使用不锈钢丝网收口。不锈钢丝网收口采用焊接钢筋成钢筋网片，钢筋网片上再绑扎不锈钢丝网（图 3-70）。

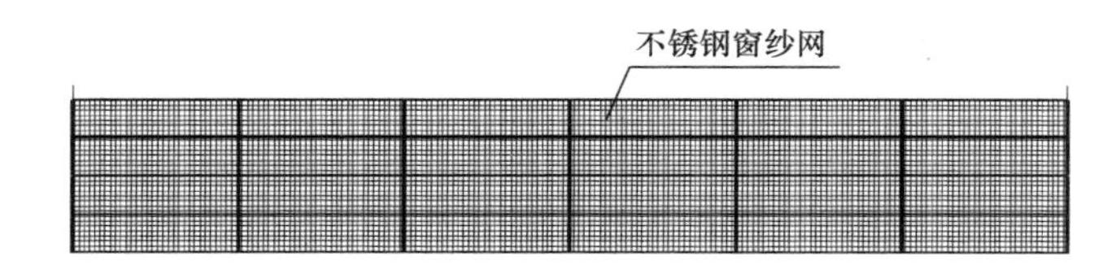

图 3-70 不锈钢丝网收口

（2）使用快易收口网需在混凝土浇筑1d后凿除浇筑仓边沿的快易收口网，从而保证新老混凝土的粘结，且浇筑相邻仓时需用水润湿分仓缝处混凝土。跳仓施工缝采用钢丝网，施工缝表面粗糙，不需要凿毛，清洗后即可进行第 2 次混凝土浇筑（图 3-71）。

图 3-71 凿除了快易收口网的浇筑块边沿

3. 浇筑过程控制要点

（1）要求在混凝土入模用刮杆刮平后，开始喷雾养护（图 3-72）。

（2）在混凝土终凝前后进行第二或第三遍人工压抹、收光与抹光机收光工作，

图 3-72　混凝土入仓后喷雾养护

当浇筑面积较大时，在进行最后一次收光工作的同时，进行覆盖薄膜与草袋工作。

3.12　超长、大跨、大面积连续预应力梁板施工技术

3.12.1　概述

航站楼预应力施工一般具有以下特点：

(1) 一般为超长、大跨、大面积连续预应力梁板结构，预应力设计为部分预应力，部分梁为连续预应力扁梁，预应力的设计施工关系到整个结构无缝设计施工的成功与否和整个工程施工的成功与否。

(2) 预应力梁设计类型繁多，大量的普通钢筋混凝土截面设计均反映在预应力大样图中，施工放样工作量极大，整体施工技术准备的深度关系到整个工程的顺利进展，也关系到预应力施工的顺利进展。

(3) 施工工艺复杂，施工穿插繁多，预应力混凝土结构施工顺序、张拉顺序影响整体结构的施工，在整体结构施工的关键线路上，必须统筹安排。

(4) 超长楼板为解决混凝土收缩问题，楼盖施工采用跳仓法，预应力筋的

二次设计、施工及张拉必须与平面分段流水相符合。

（5）鉴于图纸对预应力设计较粗，二次工艺设计需施工单位与设计单位密切配合，施工前，完成楼盖预应力的放样工作，将预应力筋张拉端及相应加强构造区统一考虑，将所有矛盾进行消化，方能使所有工作按计划有条不紊地进行。

（6）施工质量控制难度大，需对工序安排、工艺设定、材料质量、过程质量、监测质量等方面进行严格的、周详的、高精度的、全过程、全方位的控制，认真安排计划，落实执行。

（7）工期紧，预应力施工面临材料集中供应、集中下料、区域集中穿筋、张拉时间短的情况，工期压力较大。

（8）科研价值高，超长大面积无缝结构的设计施工须采取综合技术才能确保圆满成功；可以通过过程的测试，取得大量的有关摩阻系数 μ、混凝土弹性压缩等设计参数。

3.12.2 施工要点

3.12.2.1 施工重点及难点

1. 有粘结预应力筋的穿束

航站楼工程预应力结构跨度大、连续跨数多，如果不精心组织，有粘结预应力筋的穿束工作将难以进行。根据实际情况作如下安排：

（1）长度小于 50m、根数少于 9 根的，采取整束穿束。

（2）长度小于 50m、根数多于 9 根的，分三束穿束。

（3）长度大于 50m 的超长预应力筋，分三束穿束，并且需在波纹管的中间位置增加助推段，待穿束完成后，再将此段波纹管复位，封裹密实。

2. 张拉端节点处理

航站楼工程张拉端一般有三种布置方式：

（1）梁端张拉：为了保证有粘结预应力筋张拉端锚垫板能准确安装，梁端或柱边普通钢筋必须留出 250mm 净距。

（2）板上张拉：土建单位必须严格按照原设计安装张拉端板的模板，并准确预留张拉洞口。

（3）后浇带张拉：跨后浇带无粘结预应力筋的张拉端布置在板上，土建单位必须加厚板并预留张拉洞口。

3. 张拉顺序及分阶段张拉

预应力筋的张拉须分区域进行，各区域根据土建施工情况独立进行。跨后浇带预应力筋的张拉需待后浇带混凝土达到强度后进行。整个结构采取整体张拉顺序为：先张拉次梁，后张拉框架梁。

3.12.2.2 二次工艺设计

1. 设计说明

由于时间的仓促及预应力设计提供的资料很少，因此，不可避免地存在二次工艺设计与原设计意图矛盾的情况，在施工前，工程人员应与设计紧密结合，消除所有缺陷。

2. 锚固体系的选择

航站楼工程均采用符合国家Ⅰ类锚具的夹片锚，无粘结预应力筋采用单孔锚，有粘结预应力筋采用群锚；钢绞线采用1860MPa低松弛钢绞线。

3. 预应力筋的连续采用交叉搭接法

无粘结预应力筋在柱、梁支座处搭接，搭接长度满足设计要求；有粘结预应力筋的搭接在柱支座处。

锚具主要采用9孔以下各类锚具，以求梁内预应力筋贯穿，且能较顺畅穿过普通钢筋间隙；有粘结预应力筋配筋数量为偶数的，按设计要求，从预应力筋搭接处，板加厚处引出张拉，配筋数量为奇数的，中央束预应力筋在梁面张拉，局部梁面筋采取并筋的方式，梁中预留张拉穴模下采用普通钢筋进行加固，中央预应力筋两侧的预应力筋处理方式同上。

无粘结预应力筋张拉锚具采用单孔锚，梁内预应力筋束较多的，梁截面中央区的预应力筋张拉端在搭接处的梁面分散引出，承压板尽量采用1孔2孔，以减少梁面张拉穴口的尺寸，使穴口在钢筋间留设；梁内预应力筋束较少的，可从预应力筋搭接处的板加厚区引出，锚板尽量采用4孔以下的少孔板，以尽量使预应力筋与承压板垂直；预应力筋在承压板处散束，散束长度不小于1.5m。

4. 预应力筋、锚具等施工数据的设计

预应力筋线形为正反抛物线，根据抛物线方程计算出间距1000mm马凳的高度，作为施工控制预应力筋矢高的依据。

预应力筋在梁内对称布置，波纹管距梁边不小于40mm。

预应力筋在张拉端处设不小于300mm的平直段。

预应力施工数据可利用已有的程序软件快速生成，具体数据见深化设计图。

5. 预应力筋张拉靴口加强等

无粘结预应力筋张拉靴口梁面留洞，尺寸为100mm×100mm～150mm×500mm，梁面钢筋在靴口处须调整位置；有粘结预应力筋梁面张拉靴口尺寸为200mm×200mm×600mm，梁面钢筋采取并筋断筋的方法，并在靴口处用普通钢筋进行加强。

有粘结预应力筋在柱子处，要事先画出大样图，使柱筋在轴线附近集中，保证波纹管顺利通过。

6. 张拉灌浆要求

仅梁中有预应力时，依次对称张拉。

梁板中均有预应力时，先张拉板预应力筋，后张拉梁预应力筋；先张拉纵向板预应力筋，后张拉横向板预应力筋；先张拉纵向梁预应力筋，后张拉横向预应力筋。

主、次梁张拉顺序为：先对称张拉预应力次梁，后对称张拉预应力主梁。

梁内预应力筋对称张拉。

一般情况下预应力张拉时，混凝土强度要求达到设计强度的75%，特殊情况需达到设计强度的90%，具体视设计要求而定。

梁的张拉顺序为先次梁后主梁，先张拉每区中央位置的预应力梁，后对称张拉每区两侧的预应力梁，每架梁内的预应力筋张拉顺序为居中对称。

有粘结预应力梁张拉完毕，应先观察12h、48h内完成的灌浆工作。

7. 锚具封闭要求

预应力筋张拉完后，将外露的钢绞线切断，锚具外露钢绞线长度不小于30mm，张拉靴口用比结构混凝土高一级的微膨胀混凝土封闭。

3.12.2.3 工序搭接及协作配合

1. 预应力钢筋混凝土施工过程流程图（图3-73）

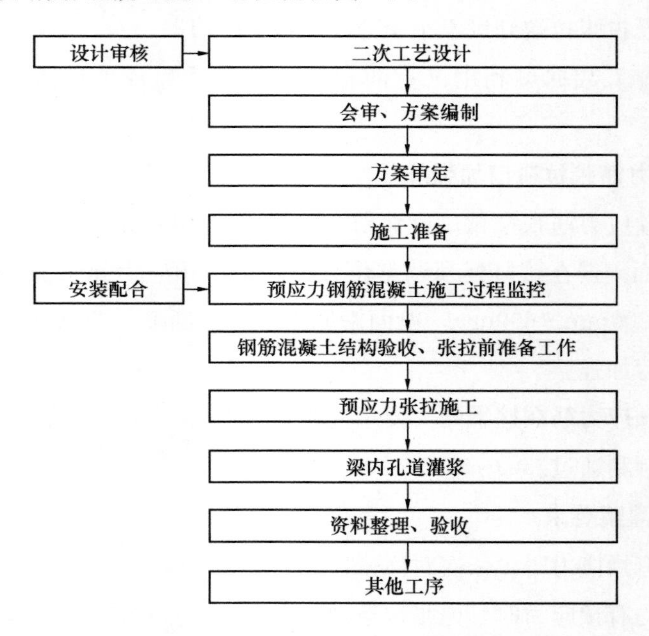

图3-73 预应力钢筋混凝土施工过程流程图

2. 预应力钢筋混凝土施工分区流程设置原则

先施工预应力锚固端的混凝土区段，确保预应力筋锚固端的工艺质量。

采用跳仓法施工，使设计分缝自然形成混凝土区段的收缩尽量完成，尽早开始梁预应力筋张拉工作。

预应力张拉以设计分缝自然形成的区域混凝土整体强度达到设计张拉强度时，开始本区域的预应力筋张拉。

每区内先居中对称张拉纵向的预应力梁，后由中央向两侧对称张拉横向预应力梁。

每束梁内均居中对称张拉预应力筋束。

3. 预应力钢筋混凝土施工工艺流程图

框架梁、板脚手架→框架梁底模→绑扎梁普通钢筋→焊接钢筋马凳→穿设波纹管→穿预应力筋→锚垫板、喇叭口、螺旋筋、灌浆口安设→隐蔽工程验收→安装张拉口网片、预埋承压板→隐蔽工程验收→楼板筋绑扎→混凝土浇筑→养护、张拉准备→张拉梁预应力筋→切除外露钢绞线、封闭端部、张拉板预应力筋→切除外露钢绞线→端部封闭。

4. 协作配合

预应力施工与整个工程的施工安排密不可分，它步步走在整个工程的关键线路上，而整个梁板预应力施工工艺要求不可随意变动，整个工程的施工顺序要以预应力设计施工顺序为主。

预应力结构关系到整个结构安全，为此，相关专业要事先进行认真研究，及早发现并解决与预应力结构相冲突的矛盾；施工中，装饰、安装专业要以预应力结构要求为基准，解决施工中出现的矛盾；为防止危害预应力结构的行为发生，装饰、安装工程要进行预防破坏预应力结构的工艺设计，可在预应力施工过程中进行标记，预防事故发生。

工艺上预应力施工和非预应力施工穿插进行，因此，穿筋的工艺顺序应先经讨论研究，与施工实践相结合，进行必要的调整。

现场平面布置，须给预应力施工提供必要的场地、仓库和临建。

工程验收要分阶段与普通结构验收分阶段共同进行。

3.12.2.4 工艺流程

后张有粘结预应力工艺流程见图 3-74。

后张无粘结预应力工艺流程见图 3-75。

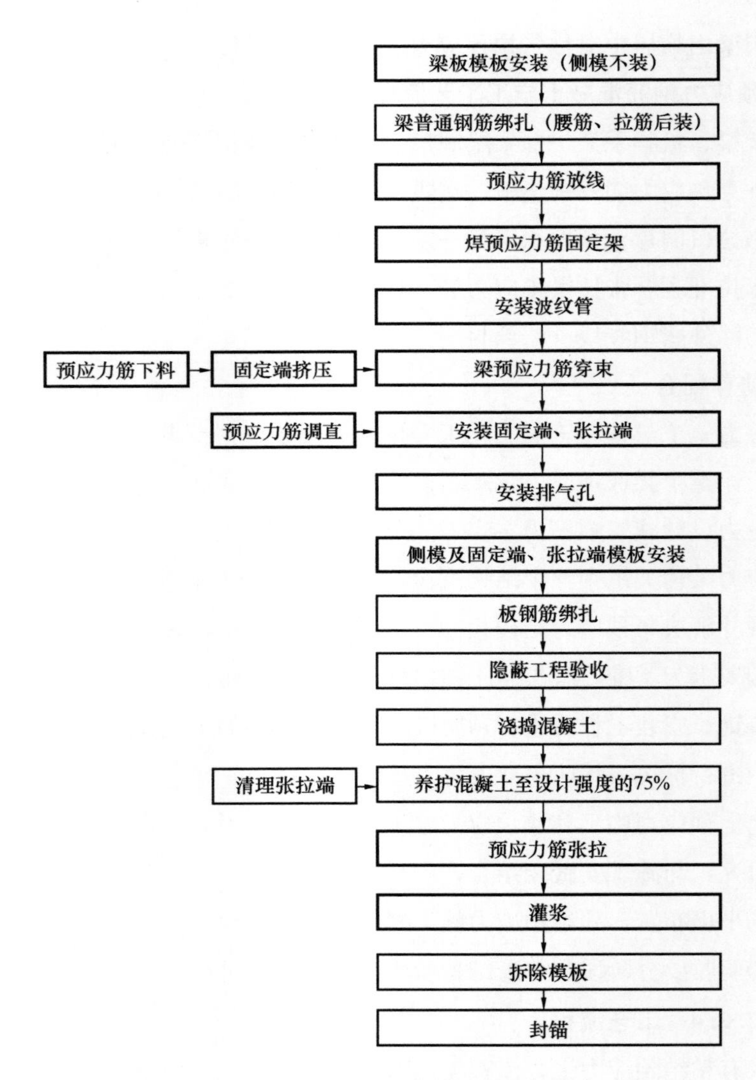

图 3-74　后张有粘结预应力工艺流程

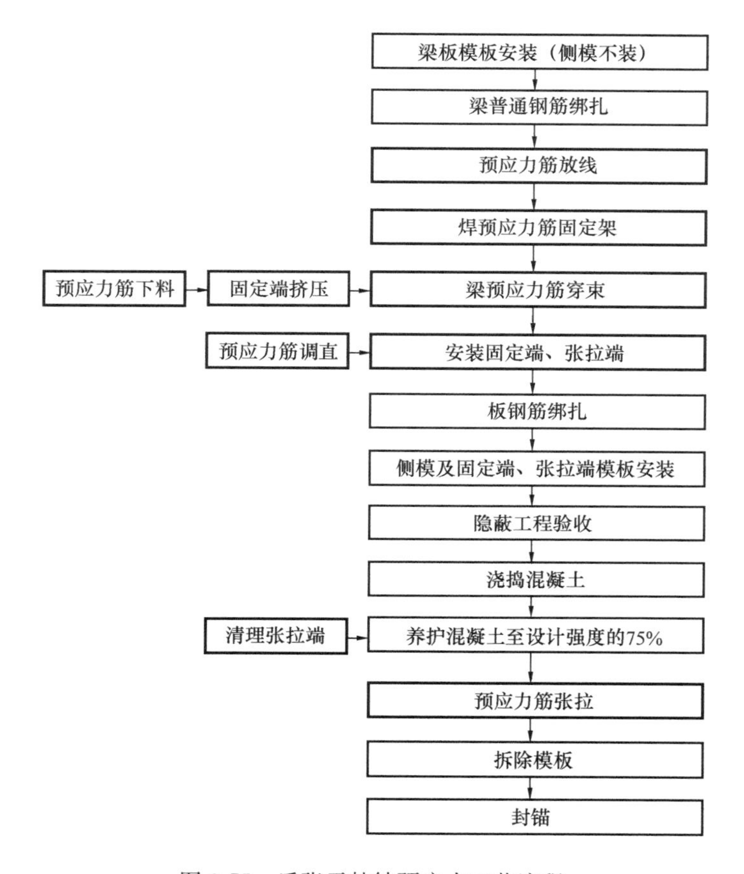

图 3-75　后张无粘结预应力工艺流程

注：以上施工流程图中，细线框内的工作内容由土建单位配合负责完成，粗线框内的工作内容由预应力施工单位负责完成。

3.13　重型盘扣架体在大跨度渐变拱形结构施工中的应用

3.13.1　概述

重型承插型盘扣式钢管支撑架由可调底座、立杆、水平杆、竖向斜杆、水平斜杆、可调托座组成。其将立杆、水平杆、斜杆等杆件预先在工厂全自动焊接、标准化制作成品，在工地快速组成一套稳定、安全的结构体系。杆件结合采用盘扣式承插结合，立杆采用套管承插连接，水平杆和斜杆采用杆端扣接头卡入连接盘，用楔形插销快速连接，形成结构几何不变体系，可调托座与可调底座用于调节支撑高度。

连接盘、扣接头、插销以及可调螺母的调节手柄的材料机械性能不得低于现行国家标准要求的屈服强度、抗拉强度、延伸率的要求。

连接盘厚度不得小于10mm，允许尺寸偏差±0.5mm。立杆连接套管采用无缝钢管套管形式，立杆连接套长度不应小于160mm，外伸长度不应小于110mm。套管内径与立杆钢管外径间隙不应大于2mm。立杆与立杆连接套管应设置固定立杆连接件的防拔出销孔，承插型盘扣式钢管支架销孔为中14mm，立杆连接件直径宜为中12mm，允许尺寸偏差为±0.1mm。

3.13.2 施工要点

3.13.2.1 架体验算

由于模架处于地下基坑，两侧都有隔墙，可不考虑风荷载。拟拿出3m厚顶板部位进行整体分析验算。钢筋混凝土自重取值25kN/m^3，计算得3m厚混凝土自重为75kN/m^3，设备及施工人员考虑活荷载3kN/m^2。选取跨度较大孔位，采用Midas GEN2015进行整体的建模。先建立单独一榀，然后通过单元复制形成整体模型。主要有以下问题需注意：

（1）模板是放置在钢梁上，模拟时采用弹性连接，设置x向（即节点轴线方向）100kN/mm刚度，同时为防止计算刚度矩阵奇异，增加水平约束，水平向各设置1kN/mm刚度。

（2）斜杆简化为节点连接轴心支撑，横杆通过释放端弯矩定义为两端铰接，底部支座约束三向水平位移。

（3）构件自重程序自动考虑，恒荷载和施工活荷载均以压力荷载分别施加在模板上。

3.13.2.2 架体搭设

（1）模板支架立杆搭设应按专项施工方案放线确定，不得任意搭设。

（2）水平剪刀撑竖向布置3层，角度在45°～60°之间，采用搭接接长时，搭接长度不应小于1m，并应采用不少于2个旋转扣件固定，端部扣件盖板的边缘至杆端距离不应小于100mm。水平剪刀撑采用异形旋转扣件和架体立杆连接可靠。

（3）因单肢立杆荷载设计值大于40kN，架体最顶层和最底层的水平杆步距应比标准步距缩小一个盘扣间距，且应设置竖向斜杆。

（4）结构倒角部位、架体顶部工字钢和U托之间部位采用楔形方木固定牢固，防止滑落、移位。混凝土浇筑前，全面检查楔形方木牢固情况。

（5）墙体混凝土浇筑面距顶板底起弧点高90cm，顶部剩余90cm墙体混凝土和顶板共同浇筑，墙体模板的加固仅采用对拉螺栓，混凝土浇筑时很容易出现事故。采用水平钢管沿线路方向1.2m处在未浇筑90cm中间部位设置一道对撑，端部设置U托，调节顶紧墙体模板，相邻墙体水平对撑保持同心。

（6）支架搭设完成后混凝土浇筑前应由项目技术负责人组织相关人员进行验收，验收合格后方可浇筑混凝土。

3.13.2.3 主次龙骨安装

为了通过主龙骨解决弧形曲面弧形成型质量问题，通过市场调研，可通过弯曲工字钢来实现顶部弧形曲面变化，每根工字钢弯曲弧度均不同，按照安装顺序，统一焊接、编号，方便安装。次龙骨采用8号槽钢，利用钢丝和主龙骨连接固定。倒角底托及主龙骨和顶托位置通过加塞楔形白木方木，使受力面保持水平，确保施工安全。模板选用18mm厚木模板，模板拼接缝处增加80mm×80mm方木（图3-76）。

图 3-76　主次龙骨安装示意图

3.14　BIM 机场航站楼施工技术

3.14.1　概述

对于航站楼这样复杂的共建工程，有多达 100 多个专业系统，各系统的管线排布非常复杂、繁琐。在 CAD 平面制图技术应用阶段，尽管设计师在空间上进行了细致排布，但不可避免要进行局部的拆改以实现综合排布。应用 BIM 技术，可在施工前的深化阶段进行三维排布，自行进行管线的碰撞检查、优化，各专业协调一致。同时，BIM 技术还可以对施工过程或者应用场景进行模拟，用于指导施工并进行优化。在赋予三维模型时间信息后可进行 4D 模拟施工，另增加造价信息后可进行 5D 模拟实现成本控制。BIM 技术的应用具有广阔前景。

3.14.2 施工要点

BIM 技术在项目施工阶段的应用目标包括：

（1）通过模型搭建发现图纸问题；

（2）方案模拟；

（3）无人机航拍；

（4）深化设计；

（5）3D 打印技术；

（6）放线机器人；

（7）三维扫描仪；

（8）二维码应用；

（9）进度管理；

（10）质量管理；

（11）商务管理；

（12）安全管理；

（13）VR 技术；

（14）项目 BIM 培训。

3.14.2.1 模型搭建

创建了航站楼模型、服务大楼模型、场地布置模型、深基坑模型；一半以上的问题都是在模型搭建过程中发现的，其中通过深基坑模型与航站楼模型的整合发现了大量地梁与支护桩的碰撞问题，此类问题是常规二维图纸难以发现的。

3.14.2.2 方案模拟

利用 BIM 模型，对复杂施工技术方案、节点、施工工序进行了模拟，通过方案模拟，所有现场管理人员和劳务人员在技术交底过程中更加深刻地理解方案从而提高现场施工效率。

3.14.2.3 无人机航拍

工程占地面积大、施工区域广，传统的管理模式难以及时发现现场施工进度情况，通过每周一次固定角度的航拍，让整个项目团队更加直观地了解现场进度情况，发现现场施工作业面难点，为下一步的施工计划起到很好的参考作用。

3.14.2.4 深化设计

工程专业众多、交叉频繁、流程复杂，施工过程中存在多专业共同配合施工的问题，传统施工过程中更存在洞口后凿、完成净高不够等诸多问题。利用BIM技术可以在施工前进行各专业深化设计及管线综合，提前规避土建与机电等专业间的碰撞问题，所有预留洞口、预埋件图直接用BIM出图，并通过管线综合增加每层使用净高，增加建筑的使用空间（图3-77）。

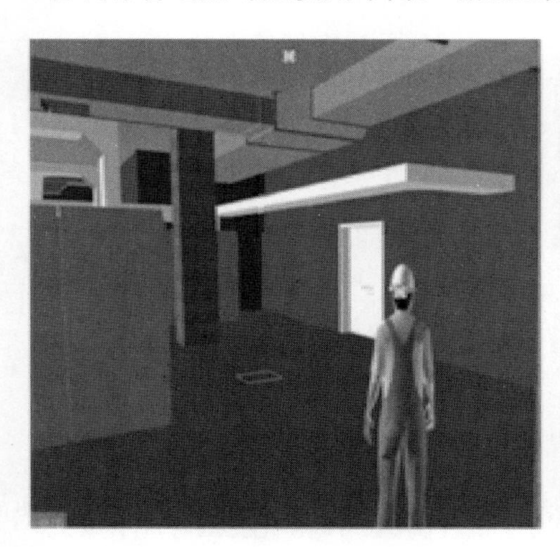
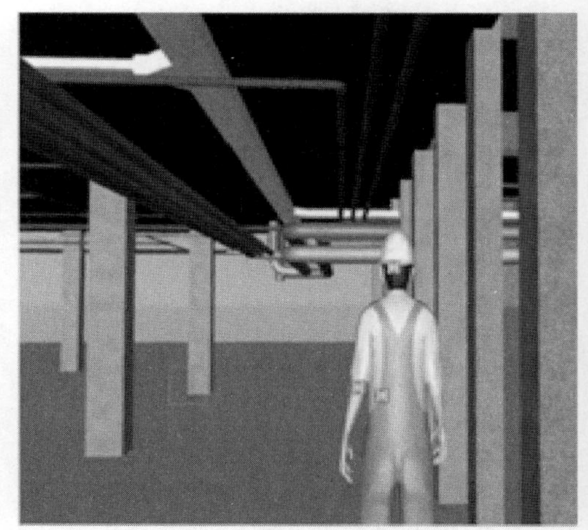

图3-77 管线综合

3.14.2.5 3D打印技术

工程复杂节点多，通过3D打印技术，将重要的复杂节点打印出来，在方案交底中让管理人员和工人更加直观地了解节点详细构造，提高现场施工效率。

3.14.2.6 三维扫描仪

工程异形结构多，后期精装修对主体结构尺寸精度要求高，在主体结构完成后，通过三维扫描仪得到实际施工完成后的结构精确尺寸及标高，为后续的钢屋架、幕墙等其他专业提供准确数据。现场土方量统计按照传统方式较难，通过三维扫描仪可以精确计算出土方量，极大地提高了统计效率。

3.14.2.7 放线机器人

1. BIM 放线机器人组成

以 Trimble-RTS771 为例对 BIM 放线机器人（以下简称机器人）进行概述，机器人系统有硬件部分及软件部分，硬件系统由全站仪、三脚架、棱镜（杆）及手簿组成，软件系统包括 Windows、Trimble Field Points、Trimble-Field Link，手簿通过遥控遥测、无线数传实现和全站仪的连接，实现测量放线智能化。通过放线机器人的使用，极大程度地提高了放线效率，减少了人工工作。

2. 机器人特色功能

众所周知，普通全站仪对于设站的要求仅限于两个已知基准点即可完成设站操作，并没有其他条件要求，往往在现场实操过程中，由于现场施工环境及人为原因，设站工作普遍比较粗放，仪器也没有设站误差提示，给测量放线埋下了精度隐患。不同的是机器人强制性执行测量后视不宜短于前视，交会角不宜小于 45°也不宜大于 135°的测量原则。

同时，机器人提供了可视化放样，在建筑行业经常会遇到这样的问题，实际完成的平面高程与设计高程不一致，当实际完成面高程大于设计高程时，点位实际位于空中，无法进行标记定位。机器人在第一次照准点位后会根据距离角度即时推算出平面偏差和高程偏差，这些误差是由于实际施工造成的，机器人在推算误差后会根据推算出来的偏差值进行第二次照准，即照向调整后的点，当机器人不再调整且保持固定姿态不动时即可进行点位的标记。当实际完成面低于设计高程时，机器人会同样进行一次照准推算误差二次照准调整标记点，以满足用户需求。

3. 准备工作

在正式进行作业前，要对仪器及手簿进行常规外观检查及电池电量检查，除此之外就是图纸模型等数据的准备，数据的质量直接影响到现场作业的效率，在实施数据导入之前应将测量控制点导入BIM模型或二维CAD图纸进行数据整合，并进行相应的注释，注释大小要与BIM模型相匹配，方便室外工作的快速查找定位，在确认数据整合无误后，将数据文件另存为纯英文的名称，否则手簿软件将不能正常进行数据导入或启动。如文件含有非法字符导致数据不能正常导入或启动失败，要在存储路径下找到该文件进行彻底删除，并将系统进行重启，重新导入合法的数据文件。

4. 机器人放样工作实施

按照全站仪的架设方法架设机器人，架设完成后即应连接手簿，机器人通过自身电台通信信道的设定与手薄电台通信信道的匹配设定完成连接，完成连接后即可进行机器人的设站程序，必须在遵循机器人的设站要求下进行设站以保证测量放线的精准度，与全站仪不同的是机器人的设站不需要手工输入设站数据，只需要在控制手簿上选定相应的控制点，受通视影响设站测量通常选用棱镜模式。进行照准测量即可完成设站。机器人在完成设站的同时会即时显示设站误差，当误差超过预先设定值或不满足设站要求时，机器人将不能进行下一步工作。设站程序是野外测量放线的第一道工序也是最为重要的工序。

设站结束后即可进行测量放线工作，机器人智能化高效化。但当条件不良时为避免信号的散射可使用棱镜模式。当采用棱镜模式时，机器人会自行启动自动搜索跟踪功能，当机器人锁定棱镜后，机器人的视线会紧跟棱镜移动而动，棱镜所处位置会在手簿上动态显示，手簿就如同地图导航一样，能帮助测量人员迅速找到待放样点位。当采用了该模式，机器人会发射可见激光束，激光束所指位置即为放样点位置。

5. 二维码应用

将塔式起重机维保信息、复杂节点模型、施工工艺模拟、虚拟样板生成二维码，现场管理人员及工人通过扫描二维码直观地了解相关的施工技术，从而提高施工效率。

3.14.2.8 进度管理

在工期紧张的情况下，现场的进度管理尤为重要，通过BIM模型与进度计划关联，施工前进行4D进度模拟，提前发现影响关键工期节点的因素；每周通过4D进度与现场航拍图的对比，发现现场滞后情况，及时进行计划纠偏。

3.14.2.9 质量管理

施工员携带IPAD到现场，利用BIM5D平台进行施工质量验收，发现问题及时在BIM模型中批注并提交相关方处理。在施工现场相应区域进行问题标识，便于施工管理人员、劳务操作人员获取信息，提高施工过程的质量管控。

3.14.2.10 商务管理

工程BIM模型严格按照图纸和现场变更情况进行搭建，通过模型进行混凝土方量的提取，并和商务部的数据进行核对，最终为工程部的物资计划提供重要的数据支持。

3.14.2.11 安全管理

工程占地面积大，塔式起重机多，通过场地模型与塔式起重机平面布置图整合，提前发现塔式起重机之间碰撞和塔式起重机基础悬空等问题，为安全部署最终的塔式起重机布置图提供前期技术支持（图3-78）。

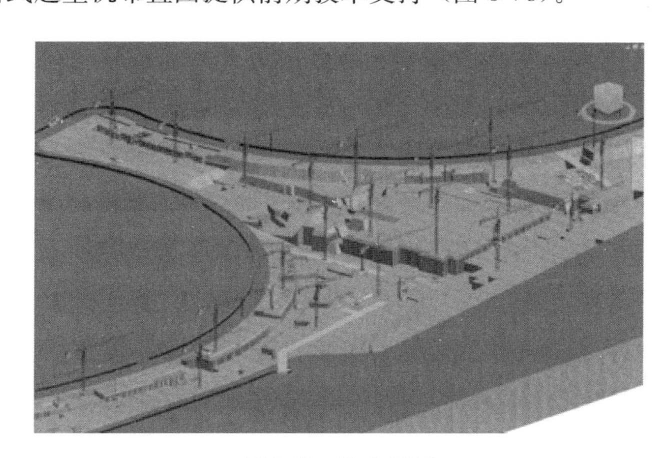

图3-78 安全管理

3.14.2.12 VR 技术

工程通过 VR 技术进行航站楼模型漫游，让管理人员和工人更立体直观地了解航站楼建成后的效果；通过多个安全施工场景，让工人直观地感受不规范施工导致的严重后果并进一步提高工人的安全意识（图 3-79）。

图 3-79 VR 技术

3.14.2.13 项目部 BIM 培训

随着 BIM 技术在建筑行业的作用日益明显，工程人员的 BIM 技术有待提高，BIM 团队针对所有项目人员进行大量 BIM 技术培训，目的是让整个项目团队的 BIM 技术水平快速提高，也为未来的建筑行业改革做好充分准备。

3.15 信息系统技术

3.15.1 概述

机场信息系统可以分为两类，一是运营信息集成系统：主要是飞机从降落到起飞的生产运营信息化管理系统，如收费和航空统计系统、航班信息管理系统、资源管理系统、航班信息显示系统、应急预案管理系统、IT 管理子系统、旅客信息服务子系统等，其特点是高实时、高可靠。二是管理服务信息系统：主要是管理与服务类的系统，如航空业务统计、航空业务收费、人力资源管理、财务管理、资产管理、仓库管理、办公自动化等，其特点是实时性、可靠性要求不是特别突出，但范围广、需求不断地发展变化。同时两类系统又是相辅相成，只有实现运营和管理之间的有机集成，才能实现全面的机场运营和管理信息化，从而实现机场的数字化。

3.15.2 施工要点

3.15.2.1 实施策略

1. 以ⅡS为中心的策略

对于机场信息系统中机场生产信息运行管理主要可分为以航班信息集成系统（ⅡS）为核心的航班信息处理和以离港系统（DCS）为核心的旅客、行李信息处理的两条主线。所有管理服务信息系统以这两条主线为主干配合展开实施。尤其是管理服务信息系统中的航班信息查询系统更是要遵循这一原则。

2. 管理服务信息系统

管理服务信息系统以收费、航班查询、旅客服务调度为主线和重点展开实施。

3. 以AMSS重点业务为主的策略

由于工期比较紧张，航站楼的航班信息查询系统的终端席位环境布置还不具备条件，收费统计使用部门的房间还没有划定，这些因素都制约着客户端环境的部署。为此我们在AOC、TOC分别临时部署关键业务的客户端来满足调试及验证的要求，随着环境的具备立即跟进部署客户端。

3.15.2.2 实施步骤

1. 系统需求调研

由于机场信息系统总包项目规划超前、技术要求高、实施周期短、任务重，而需求调研的结果又作为项目开发、实施工作的基准，因此需求调研是项目成功的关键。

根据集成项目的特点，需求调研工作可以按应用系统功能和集成（接口）系统需求分为两部分：

应用系统功能主要是指用户直接使用到的系统客户端操作和与之相关的后

台的处理逻辑。

集成（接口）系统需求主要是指为使整个机场的业务系统能够联动运行，必须明确的、各个子系统需要接收和发布的信息。

（1）应用系统功能

为了在短时间内尽可能全面而深入地了解用户对应用系统的需求，对于项目采用成熟的产品，需求调研工作将采用培训—理解—客户化需求—需求确认的步骤进行，即：

第一步：首先在测试试验室安装现有系统，并对用户进行深入的培训；

第二步：用户详细了解产品的功能，在此基础上再结合机场的实际情况提出客户化的需求，这样可以更高效和准确地得到用户的实际需求；

第三步：对于用户提出的所有客户化需求，将首先进行记录，并与用户逐条进行讨论以达到对需求的一致；

第四步：将需求客户化开发内容细化，最终形成《用户需求说明书》。

（2）集成（接口）系统需求

项目部将根据已有的集成经验并结合机场行业特点进行的集成设计，在与子系统进行接口讨论之前，形成初步的接口需求文档。

在与子系统进行接口需求调研时将依据IDD（接口定义文档）初稿进行进一步的讨论。

（3）机场业务信息流程分析

机场的业务流程将直接影响系统集成的实施，流程分析的目的是明确在整个机场的运行过程中，对于每一个流程（例如到港航班流程、登机流程、季度计划发布、日航班计划发布等）相关的各个实体（包括系统和人员）应有哪些处理，它直接影响到应用系统的功能和集成系统的数据流。

工程项目的用户需求分析，在满足用户需求的基础上，在本项目系统范围内，通过定义业务结构、业务功能和业务流程提出机场运营的整体流程设计。

2. 详细深化设计

深化设计将主要针对机场的架构、业务管理模式、硬件部署等方面的初步设计和客户化的需求进行逐条的设计，设计的过程中需要和用户进行交流，以确保最终的产品确实满足用户的需要。

深化设计主要包括：系统整体架构的设计、系统主机系统及存储设计、数据库设计、中间件服务设计、应用系统的设计、接口设计、席位设计、系统管理维护方法的设计、备份和安全设计等。

在用户需求及差距分析的基础之上，考虑实用、先进、可靠等原则进行深化设计，提交信息集成系统相关《系统详细设计方案》，方案包含整体体系结构图、各功能系统设计、各系统数据库设计、中间件设计、应用软件设计、人机界面设计、备份和安全设计、系统用户角色设计，并提交《系统软件/硬件设备配置说明书》，包含设备材料清单、功能性说明和技术指标。在本阶段要完成系统设计，为需求范围内的所有系统设计评价做好准备，并且准备召开系统设计技术的交流会议，进而提交《系统详细设计方案》并获得业主的认可。

（1）数据模型及数据字典设计

在本阶段中，将对集成数据模型进行细化。通过数据建模，制定 AMDB/FQQDB 的 E/R（实体关联图）。根据数据建模的结果，修改和完善事件模型和流程模型。

该阶段的主要执行步骤包括：提取信息实体、定义信息实体及赋予属性、确立信息实体之间的关系等内容，进而编制信息实体定义书。而且，为了统一所规定的信息实体属性，将编制数据字典以保证其完整性。数据字典包括各个数据对象或数据项名、各个数据对象或数据项之间的关系、数据格式（文本、图像、二进制值等）说明和可预赋值（默认值或数据范围等）。

机场管理服务信息系统根据其他行业的经验和积累，在此基础上加入机场行业收费统计、IT 运营、航班查询以及旅客服务量身定制，满足机场个性化要求。

（2）接口技术规范设计

管理服务信息系统中间件 ESB 支持一系列的集成服务，这些服务是系统与ESB之间接口的基本模块。每个服务至少需要两个信息，典型的情况是一个请求信息和一个响应信息。

我们与子系统供应商一起，共同协商和制定系统到ESB接口的IDD接口定义文档。其中将包括：

① 子系统和ESB之间的通信方式；

② 将要使用的服务及其各服务所需的服务选项。

（3）集成测试设计

1）测试策略

机场管理服务信息系统集成从开发到验收的测试，将按阶段分组进行，每个测试阶段规定了准入标准，遵循严格的循序渐进的策略，整个测试阶段将分为：接口工厂测试（IFAT VPN）、接口实验室测试（LAT-1）、实验室集成测试（LAT-2）、现场测试（SAT）。

在进行测试安排时集成商将依据各子系统接口开发的进度，按组安排各子系统的测试。在实施测试时集成商将随着测试的深入，根据测试进展的实际情况调整安排。测试分为：接口工厂测试（IFAT VPN）、接口实验室测试（LAT-1）、实验室集成测试（LAT-2）、现场测试（SAT）。

每个接口只有完成前一测试才能进入下一个阶段的测试。

2）测试方法

测试按功能分到不同的“测试说明”中：测试由一系列的“测试用例”组成，每个测试用例由一系列独立的测试步骤组成。测试说明中任何测试的执行独立于任何已经运行的测试说明。如为了便于回归测试，这些测试可以被独立地重新运行。

测试方法包括：简单点到点验收测试（P2P）、端到端验收测试（E2E）、营运就绪测试（ORAT）、回归测试、接口性能测试（IPT）、场景测试、压力测试、故障恢复测试。

3）测试过程

测试过程包括：测试说明发布、测试的设备需求、测试的软件需求、测试数据、测试执行、测试记录、失败标准、测试评审。

3. 产品供应及客户化开发

所涉及的产品主要分两大类：一类是选择成熟、先进的通用化产品进行客户化定制；另一类是个性化管理要符合用户需求，进行个性化的设计和开发。

机场管理服务信息系统开发阶段主要完成以下工作：

（1）按照设计阶段提交的相关技术方案完成应用软件开发；

（2）完成本系统对外提供数据的接口程序开发；

（3）完成外部提供本系统的数据接口的应用软件开发；

（4）完成机场管理服务系统出厂前测试工作；

（5）相关技术文档的编制，为进入下一阶段测试实验室做准备。

4. 集成系统实施

系统集成项目是最复杂的，信息公司工程项目团队在现场随时跟踪整个项目的关键点变化，保持与客户的近距离、实时有效地探讨，确保计划和进展与客户的预期相一致。

高效实施团队协同工作。一体化合作将使客户得到更多近距离、高效的本地客户化成效、培训以及技术支持和维护。

（1）实验室集成测试

组织管理各子系统进入集成测试中心，进行实验室测试和认证。相关工作内容综述如下：

1）建立接口测试和系统集成的方法和标准。

2）建立集成测试中心，搭建测试环境，包括测试系统软件产品、核心系统模拟器，配置、初始化参数设置等。

3）建立并管理航站楼集成测试的流程和进度计划。

4）管理在测试实验室中以下系统之间的接口测试：

① ESB 和停车场子系统。

② ESB 和登机桥监控子系统。

（2）现场安装

在系统开始安装前向业主提交《系统安装手册》和《系统安装计划》，由业主批准。

在现场安装施工期间，严格执行有关质量、安全、进度、文明施工、成品保护等各项制度。

（3）现场联调测试

1）进行现场联通测试，实现与机场内部子系统及外部系统的集成接口连接；

2）进行现场集成联调测试；

3）网络系统现场联调测试；

4）ESB 现场联调测试；

5）AMSS 对内、对外联调测试。

（4）试运行

1）系统上线

试运行起始于系统上线，考虑到与航站楼的所有子系统、保证关键核心系统的正常运营，系统上线的成功将非常关键。因此系统上线的详细计划将是试运行方案的第一步。

系统上线的详细计划不仅包括了技术上的计划，也包括人员的支持计划等，表 3-7 为一个系统上线时的人员列表示例。

系统上线时人员列表示例 **表 3-7**

单位/系统	位置	人员	职务	手机	电话	内通
决策组	运行指挥中心、应急指挥室					
AOC 指挥中心	AOC					
集成	集成机房					
航显	航显机房					

表3-8为系统上线具体计划示例：

系统上线具体计划示例 表3-8

时间	责任人	工作步骤/工作项

2）试运行

试运行的目的是以处理真实的航班和旅客为背景，对系统和人员进行深度的磨合，以发现存在的各方面的问题并找出解决方案。

表3-9为问题记录表单格式示例：

问题记录表单示例 表3-9

序号	报告日期时间	报告人	故障现象/问题描述	检查情况	处理意见/结论	解决方案/解决时间	备注
1							

3）组织试运行

试运行之前提供详细的试运行方案。项目组在试运行期间的问题和意见进行汇总和分析，提交《试运行报告》。

5. 系统培训和技术转移

为了确保机场的独立系统操作、维护和修理，为机场的技术人员提供培训。关于培训课程工作和培训计划将提前提交给机场，得到确认。项目部准备培训计划、培训指南（课程概述及进度表）、系统操作手册、系统维护手册、用户说明手册，根据机场批准的计划进行培训。

6. 竣工验收

为了圆满实现系统运营、维修及附加应用等，总包商将有效地、系统地进行各系统的交接，制订相应的计划和步骤，验收报告，如针对可能出现的问题制定《应急处理方案》。并且，总包商承诺按照指挥部竣工验收要求提供完备的工程竣工图及竣工资料，以便归档备查。

7. 系统缺陷责任期技术服务与支持

项目组承诺在质保期内在机场工地设立常驻维修机构，处理维修服务。并且在保证机场运行时间内及时响应业主的请求，在接到报修 1.5h 内，有技术人员赶到现场服务。

项目组承诺所提供的产品符合合同要求，软件将会以数据光盘的形式提供，并符合合同规定的规格、质量。项目组负责全部设备设施及系统的保护和清洁工作直至项目验收合格，当因工程实施污损的设备、设施结构或其他设备仪器，项目组承诺负责修理或者给予赔偿。

为满足用户要求，当用户根据业务需求，更改设备或材料规格颜色、改变应用系统的部分功能要求时，项目组承诺在用户规定的期限内以不高于合同所列单价提供设备，并完成增加设备的采购、运输、到货、集成、安装、调试、测试工作，项目组不会因此要求增加费用。

3.15.2.3 系统内容

1. 收费及统计分析系统

收费及统计分析系统包括系统基础数据模块、合同模块、收费模块、结算模块、统计报表模块、统计分析模块及系统管理模块。

2. 航班信息查询系统

航班信息查询系统包括基础数据模块、航班查询模块、资源查询模块、计划维护模块、信息发布模块、信息同步模块和信息获取模块。

3. 应急预案管理系统

应急预案管理系统包括基础数据模块、应急资源模块、应急预案模板模块、应急预案管理模块、应急培训模块、应急预案演练模块、应急项目检查评估模块、突发事件处理模块和应急公告维护模块。

4. 旅客信息服务系统

旅客信息服务系统包括了问询服务模块，其中有电话自动问询（包括短信问询）和人工问询服务两种；VIP 管理模块；CIP 管理模块；活动管理模块以及自助服务模块。

5. IT 操作管理系统

IT 操作管理系统主要包括主机系统监控模块、数据库监控模块、应用管理模块、存储设备模块及网络和 IT 资源的关键性能指标监控模块。

6. 外部接口

（1）与航班信息集成系统接口

管理服务信息系统通过与航班信息集成系统的接口获得航班基础数据、动态航班数据、历史航班数据、资源使用数据、季度航班数据、旅客汇总数据和行李汇总数据。

（2）与离港信息系统接口

管理服务信息管理系统通过与离港系统的接口获得值机旅客的详细信息、旅客的行李信息、旅客的登机信息。

（3）与停车场管理系统接口

管理服务信息系统通过与停车场管理系统的接口获得停车场车位统计数据、停车场收费数据和停车场收费统计数据。

（4）与智能楼宇自控系统接口

管理服务信息系统通过与智能楼宇自控系统的接口获得水表数据、电表数据、气表数据。

（5）与登机桥监控系统接口

管理服务信息系统通过与登机桥监控系统的接口获得 200Hz 电源使用数据、空调使用数据和登机桥使用数据。

（6）与机场 OA 系统接口

OA 系统通过与管理服务信息系统的接口获得航班基础数据、动态航班数据、季度航班计划、航班资源使用数据和收费及统计分析数据。

（7）与机场财务系统接口

机场财务系统通过与管理服务信息系统的接口获得收费项目数据、客户档案数据和收费结算数据。

（8）与时钟系统接口

时钟系统通过以太网和 NTP 协议为机场管理服务信息系统提供校时信号。

3.15.3 “一夜转场”管理方案

3.15.3.1 简述

专业分包商须制定满足业主需求的、先进完善、具有针对性的转场方案，以确保“一夜转场”成功。涉及安全地将机场原有的用户系统与接口迁移到新的运行环境中，并且不影响机场任何一个环节的正常工作。接入新系统之前，充分分析业主的需求，并和业主用户进行广泛、深入的沟通。为了将系统切换的风险降至最低，将充分考虑技术与机场实际运行的各种条件限制，并在项目初期就开始准备机场集成平台以及相关接口的预案，并将之作为项目实施中非常关键的一环。

3.15.3.2 网络准备

网络是最基础的支撑平台，网络连接必须在集成测试之前准备完毕，这里所说的所有准备都是基于网络环境已经完备的情况下。

3.15.3.3 集成测试

在转场的数月前开始在集成测试试验室和现场进行功能和非功能性测试，包括各项功能的假设特定测试，也同样有基于“真实数据”的整体场景测试。这些测试将确保系统在现场运作中也能按需求运行。终端用户无需参与早期点到点接口的低端测试，但他们将参与后续的场景测试。

3.15.3.4 数据准备

转场准备期内需要在集成测试试验室内作航班数据衔接。在试验室内需模拟老机场的数据结构，在老机场的每日工作将在集成试验室内进行全面模拟，如生成短期计划、次日计划等。

3.15.3.5 用户培训

对终端用户（操作与管理人员）的系统化培训将同步以“小班授课”的形式进行，确保所有用户学会系统的操作和维护。

结束课堂培训后，将进入到实际操作环境中对终端用户进行“在岗”操作培训，以巩固之前的课堂培训。在此期间，终端用户将操作现有系统执行日常运行任务，同时练习使用新系统（尤其是在正常操作期），确保他们在操作新系统时，能达到和老系统一样的熟练程度。

培训人员在此期间会协助用户学习，帮助他们积累系统正常与非正常操作的经验。从而帮助他们达到操作新系统的能力，为系统试运行做准备。在系统正式投入机场/航站楼使用之前的准备时间内，为用户提供了从错误中学习（操作失误是不能避免的）的机会。

3.15.3.6 试运行

试运行包括检验新的集成平台，将系统连接作为整个机场与航站楼测试进程的一部分。比如，运行一系列的“虚拟”航班，确认系统、工作人员和乘客都如预期中配合。为了提高工作人员的熟练度，新老系统可以同时运行，机场方面可确信新的系统既可处理正常的日常运行，也可以处理非正常的问题。

以上逐步实施的系统集成和人员的培训为正式的“一夜转场”做好了准备，其中包括将航班、旅客、工作人员以及地面设备逐步转移至新机场的航站楼，从而避免了“一次性一夜转场”情况的产生，当新航站楼运营规模扩大时，机场工作人员和系统可以协调处理任何细微的问题。

3.15.3.7 转场后期

在最初的转场和后续的运营过程中，可使用老系统处理老航站楼的数据作为过渡期。但是，一旦新的集成系统在运行一段时间后通过测试，与老航站楼相关的资源管理将以可控的方式，逐步切换至新系统。

接下来，老系统、接口和资源将在数周或数月之内按优先顺序切换，充分考虑技术限制和支持。

在这段时间内，老系统将同时运作，以校验操作的突发事件，直到新系统全部投入使用并通过验证。

在所有阶段，都将注重运营数据的管理（包括当前与历史数据），确保日常操作中数据的正确性与连续性，并支持后台处理，比如结算。全部阶段中，数据所属的系统必须非常清晰，由此确认哪些系统在哪些合适的时间点将配置数据的“主”拷贝，数据属性同样必须明确。

以上方案假设来自关键接口的数据（部署于SI平台的），比如航空公司、AFTN报文等，都将复制一份，使新老系统可以同时接收数据。从而实现在持续的一段时期内进行全面的实际测试，同时避免了在特定时间外部接口在系统之间切换的必要。

在特定的时候，可能需要对新老系统进行双数据录入，既作为培训的一部分，也是熟练操作练习的一部分。但是在“一夜转场”前期的实验阶段可能也需要，以确保步骤设置正确。在切换期间，有些情况下可能会作数据自动生成接口（或者脚本），以减少手动数据录入的情况。在项目周期的早期，这样的需求可能会被定义为详细系统切换的一部分。

3.15.3.8 应急预案

在转场准备阶段，项目部将组织专业人员编制专项应急预案，并聘请专家进行评审，以处理各种突发情况，保证“一夜转场”的成功。

3.16 行李处理系统施工技术

3.16.1 概述

行李处理设备主要布置在始发大厅、行李输送夹层、行李房、到达大厅及到达输送连廊。

行李处理系统由始发行李处理系统、到达行李处理系统、中转行李处理系统、早到行李储存系统、自动分拣系统、人工编码系统、安全检查系统、附属建筑系统及预留远端高速系统等组成。

3.16.1.1 始发行李处理系统

1. 始发大件行李处理系统

始发大件行李（OOG）处理设备布置在办票大厅，一般设置4组，其中国内 OOG 处理系统 2 组，国际 OOG 处理系统 2 组。

每组 OOG 处理系统主要包括 OOG 称重/贴标输送机、OOG 安检输送机及 OOG 提取滑板。旅客在 OOG 柜台办理大件行李交运手续，经 OOG 安检后，安全大件行李由人工通过 OOG 货梯运送到行李房。

2. 始发标准行李处理系统

始发标准行李处理设备主要安装在办票大厅、行李输送夹层及行李房。

在办票大厅主要布置若干个值机岛，每个值机岛一般包含 2 条收集输送线；每条收集输送线对应若干个值机柜台；每个值机柜台处配置称重/贴标输送机、安检输送机、注入输送机、值机柜台（不在 BHS 供货范围内）、X 光安检机（不在 BHS 供货范围内）；每条收集输送线后端设置三级安检开包区，每条收集输送线在安检开包区配置有一台水平分流器及与 CT 安检机配套使用的输送系统；所有设备落地安装。

办票大厅输送线通过下坡带式输送机到达行李输送夹层。

在行李输送夹层中布置全部输送线，这些输送线对应全部值机岛，每个岛 2 条输送线，每条输送线主要包括弯道输送机、队列输送机、运送类输送机等设备；行李输送夹层可按部位分为东西 1～2 个行李收集输送区，收集输送区的行李通过 2 条建筑行李通道到达行李大厅；同时在行李输送夹层内，每个值机岛的 2 条输送线配置 2 台水平分流器及一定数量的队列输送机实现 2 条输送线间的互备，完成互备路由切换功能；在行李输送夹层区域中结合设备安装要求及维护需求，布置有钢平台（在 BHS 供货范围内）；在行李输送夹层区域，设备有落地安装、直接吊装及安装在钢平台上三种安装方式，吊装设备及钢平台将尽可能利用建筑预埋件安装。

行李输送夹层区域中的输送线通过下坡带式输送机到达行李房。

在行李输送线到达行李房后，每条行李输送线配置有 1 套读码器（ATR）和 1 台垂直分流器，实现一级分拣路由功能，一条路径通向始发集装转盘，另一条路径通向 TTS 分拣系统。

在垂直分流器后端，每个值机岛的 2 条输送线按一级分流路径两两合流，去往转盘的 2 条输送线合流为一条输送线，去往 TTS 的 2 条输送线合为一条输送线；8 个值机岛的 16 条输送线经一级分拣路由并汇流后，变更为 8 条输送线直接通向 8 个始发集装转盘，8 条输送线通往 TTS 分拣系统。

通往 TTS 系统的 8 条输送线分别配置 ATR 及垂直分流器，实现二级分拣路由功能，一条路径通往一号 TTS 分拣机，另一条路径通往二号 TTS 分拣机，所有经 TTS 系统的行李都可到达 8 个始发行李转盘及 8 条始发集装输送机，从而通过 TTS 分拣系统实现值机柜台为公共值机柜台。

在行李房，始发行李设备主要包括 8 套始发转盘和 8 条始发集装输送线，行李到达始发转盘和集装输送线后，行李员在行李房装车。

3. 始发系统远期预留接口

远期系统将主航站楼行李房内的行李利用 DCV 系统输送到远端 Y 形指廊中。

对于 OOG 行李，将单独预留一个装载口，将 OOG 行李装载到 DCV 系统中。

对于始发标准行李，行李将通过前述的路由选择进入 TTS 系统，在 TTS 远端处预留卸载口作为分拣机与远期远端高速系统的接口。行李可以通过分拣机将行李分拣至高速系统，行李能够实现在 Y 形指廊的自动分拣。

3.16.1.2 到达行李处理系统

1. 到达大件行李处理系统

建筑上已预留 2 条从行李房到行李大厅的 OOG 行李通道，1 条用于国内，1 条用于国际。所有到达 OOG 行李由人工通过 OOG 行李通道送至到达行李提取大厅。

2. 到达标准行李处理系统

到达行李处理设备主要布置在行李房、行李输送连廊、行李提取大厅。

在行李房内布置有 16 条行李卸车输送线，所有到达行李在−4.5m 层行李房内卸到卸车输送机上。

行李房层卸车输送机通过下降输送机将行李输送到行李输送连廊，在行李输送连廊内，16 条到达输送线将行李输送到行李提取大厅下方。

行李输送连廊内输送线通过上坡输送机将行李输送到行李提取大厅。

在行李提取大厅内共设置 15 台行李提取转盘，其中 11 台 O 形倾斜转盘，用于国内行李提取，每台转盘对应一条到达输送线；4 台用于国际行李提取，其中 3 台为 O 形倾斜转盘，每台转盘对应一条到达输送线，1 台为 U 形平面转盘，对应 2 条到达输送线。

3.16.1.3 中转行李处理系统

中转行李处理系统由 OOG 行李处理系统、空陆中转标准行李处理系统、空空中转标准行李处理系统组成。

空陆中转标准行李处理系统：行李需由旅客领取后，再到值机柜台办理行李交运。

空空中转标准行李处理系统：行李直接由航空公司转运到中转输送线上或由航空公司自行处理，行李不需要旅客领取。

1. 中转 OOG 行李处理系统

BHS 提供的中转 OOG 行李处理设备布置在−5.0m 中转厅，共设置 2 组，其中国内中转 OOG 处理系统 1 组，国际中转 OOG 处理系统 1 组。

每组 OOG 处理系统主要包括大件行李称重/贴标输送机、OOG 安检输送机及 OOG 滑板。旅客在 OOG 柜台办理大件行李交运，经 OOG 安检后，安全行李由人工通过 OOG 行李运输通道运送到行李房。

2. 空陆中转标准行李处理系统

空陆中转标准行李处理设备主要分布在中转厅、行李输送连廊、行李房。

在行李到达提取厅中设置有 2 个行李中转厅，一个用于国内转国内和国内转国际，另一个用于国际转国内。

（1）国内转国内中转线

在到达大厅层配置 6 个值机柜台、6 条值机线（每条值机线包含：称重/贴标输送机、安检输送机、注入输送机三台设备）、1 条收集输送线及三级安检、开包间；安全行李通过下坡输送机进入行李输送连廊，经上坡输送机进入行李房，在行李房内汇流到空空中转输送线，汇流后通过上坡输送机到达分拣层，在分拣层配置有读码站（ATR）及垂直分流器，行李按指定的路由被分流到 2 套 TTS 分拣系统中，经分拣系统分拣到 8 个始发行李转盘或 8 条始发行李集装输送线或早到行李储存系统。

（2）国内转国际中转线

在到达大厅层配置 11 柜台、11 条值机（每条值机线包含：称重/贴标输送机、安检输送机、注入输送机三台设备）、1 条收集输送线及三级安检、开包间；安全行李通过下坡输送机进入行李输送连廊，经上坡输送机进入行李房，在行李房内直接输送到国内转国际转盘，人工拣选装车。

（3）国际转国内中转线

在到达大厅层配置 14 柜台、14 条值机（每条值机线包含：称重/贴标输送机、安检输送机、注入输送机三台设备）、1 条收集输送线及三级安检、开包间；安全行李通过下坡输送机进入行李输送连廊，经上坡输送机进入行李房；在行李房内通过连续爬坡到达分拣层，在分拣层配置有读码站（ATR）及垂直分流器，行李按指定的路由被分流到 2 套 TTS 分拣系统中，经分拣系统分拣到 8 个始发行李转盘或 8 条始发行李集装输送线或早到行李储存系统。

（4）国际转国际中转行李

由航空公司自行处理。

3. 空空中转标准行李处理系统

空空中转标准行李处理系统只处理国内中转行李。

空空中转行李处理设备主要布置在行李房内，包括卸车输送机、安检输送机、单通道 X 光安检机（不在 BHS 供货范围内）、队列输送机。

空空中转 OOG 行李直接送到卸车输送机，经安检后从队列输送机上提取送到对应航班集装区，不能进入 TTS 分拣系统。

空空中转标准行李卸车到卸载输送机上，安全行李经爬坡输送机被输送到分拣层，在分拣层配置读码站及垂直分流器，将行李按指定的路由分流到 2 套 TTS 分拣系统中，经分拣系统分拣到 8 个始发行李转盘或 8 条始发行李集装输送线或早到行李储存系统。

3.16.1.4 早到行李储存系统

在行李房内共设置2套早到行李储存系统，其中1套用于国内早到行李，1套用于国际早到行李，所有设备安装在钢结构平台上。

1. 国内早到行李储存系统

国内早到行李储存系统主要用于国内中转早到行李的储存，不接受始发行李的储存。

早到行李由TTS分拣系统分拣后进入早到行李输送线，输送线上配置读码器及垂直分流器，将早到行李分流为上下两层，进入储存输送线。

储存输送线分为上下两层，每层12条输送线，系统共有24条储存线，可储存400件行李。

在储存线收集带机出口处设置垂直合流装置，可将2层储存线上的行李汇流到1条通向TTS分拣系统的输送线上，在通向TTS分拣系统的输送线上配置读码器和垂直分流器，将行李按指定的路由分流到2套TTS分拣系统中，经分拣系统分拣到8个始发行李转盘或8条始发行李集装输送线。

2. 国际早到行李储存系统

国际早到行李储存系统主要解决国际始发早到行李的储存，不接受中转早到储存。

国际早到行李储存系统包含2组储存系统，每组储存系统对应4条储存线，可储存100件早到行李，2组共储存200件国际早到行李。

国际早到行李储存系统具备2种储存模式，一种是每一个国际值机岛通过独立的输送路径分别对应1组行李早到储存系统，输送线上通过读码器和水平分流器将早到行李分流到早到储存线；另一种是行李进入TTS系统后由TTS分拣系统将早到行李分拣到早到行李储存线。

3.16.1.5 人工编码系统

人工编码设备主要布置在行李房。

在行李处理系统中共设置2个人工编码站，每个人工补码站可接收2套

TTS分拣系统的未识别行李，未识别行李通过合流方式汇流到人工编码位置。

施工时将为每一个人工编码位置提供约10m²带顶棚的工作间，工作间内配置人工读码工作站、条码扫描仪和键盘等办公设备、作业照明设施、通风设施及其电源等。

人工编码后行李被输送到垂直分流器，并按指定的路由分流到2套TTS分拣系统中，经分拣系统分拣到8个始发行李转盘、8条始发行李集装输送线或早到行李储存系统。

3.16.1.6 安全检查系统

所有的始发、中转行李需要接受安全检查。

1. 始发安检系统

(1) OOG行李始发安检

所有OOG始发行李在值机柜台处接受X光安检机安全检查，安检工作人员现场进行判别，可疑行李直接当旅客面开包检查。

(2) 标准行李始发安检

每个标准行李始发值机柜台处都配置X光安检机，作为行李一级安检设备。

每条标准行李始发输送线均配置一个行李开包间，每个开包间设置1台CT机，作为行李三级安检设备，三级安检可疑的行李须现场开包检查。

2. 空陆中转安检系统

每个空陆中转值机柜台处都配置X光安检机，作为行李一级安检设备。

每条空陆中转输送线均配置一个行李开包间，每个开包间设置1台CT机，作为行李三级安检设备，三级安检可疑的行李须现场开包检查。

3. 空空中转安检系统

空空中转行李在卸载输送线处进行X光安检。可疑行李停在X光机后的输送机上，等待操作人员取下。

3.16.1.7 自动分拣系统

自动分拣设备布置在行李房内，安装在钢平台上。

自动分拣系统主要包括 2 套 TTS 分拣机和 14 条导入输送线，其中 8 条用于始发行李导入，2 条用于人工编码后行李导入，1 条用于国内早到行李导入，1 条用于国际早到行李导入，1 条用于国际转国内行李的导入，1 条用于国内转国内导入。

托盘式分拣机将行李分拣至 8 台始发行李集装转盘、8 台始发集装输送机、1 台紧急出口转盘和 1 台弃包转盘、早到行李储存系统 EBS 和人工编码站（MCS）。

3.16.1.8 附属建筑系统

附属建筑系统包括钢结构平台系统、人工编码间、中央控制室。

1. 钢结构平台系统

行李系统主要在行李输送夹层及行李房内设置钢结构平台。

（1）行李输送夹层建筑层钢平台

钢结构平台布置的特征标高为＋7.35m，钢结构参考厚度为不大于 300mm，平台主要用于设备安装、维护及人员通行的支撑和行走平台。

（2）行李房建筑层钢平台

在－4.5m 行李房内，将结合行李处理设备布局构建钢结构平台用于设备安装、维护及人员的通行。平台的特征标高为－1.2m，钢结构平台参考厚度为不大于 300mm，平台下弦到－4.5m 地面净空为 3m，保证行李车通行净空要求。

（3）其他钢平台要素

1）维修走道

维修走道沿输送机布置并采用吊挂方式。

2）设备过桥

主要用于维修人员跨越设备，到达设备另一维修通道。安装于两条维修走道上或钢平台上。

3）爬梯

用于提供平台的固定上、下口，以便维修、保养、检查、排除阻塞，并作为紧急出口。

4）地板

钢平台和维修走道铺板为花纹钢板。

5）护栏与踢脚板

平台、过道、楼梯边缘等处都安装踢脚板，以防物体的坠落。

当平台、过道、楼梯等处的下落高度过大时，为防止人员跌落，安装护栏。

2. 中央控制室

整个行李处理系统包括2个中央控制室。

中央控制室B的面积约200m²，主要包括控制室通行楼梯、会议室、主管办公室、服务器间、监控间、文件储存区及打印作业区，并预留增加其他系统席位空间及其他系统服务器安装空间。为避开行李车道，将通行楼梯靠墙设置，监控座席及主管办公室具备良好视野。控制室墙面按透视观察行李系统的要求设置玻璃窗。

3.16.2 施工要点

3.16.2.1 施工工艺

1. 行李处理系统施工工艺子项

根据现场环境和设备工艺流程，以及更科学、合理的安装顺序，我们将行李系统的安装分成如下子项。为保证安装进度，安装顺序在实际实施中将存在多个子项循序进行或同时进行的情况：

（1）行李控制室；

（2）钢平台的安装；

（3）内圈分拣机（含导入线、滑槽和人工补码站）；

（4）外圈分拣机（含导入线、滑槽和人工补码站）；

（5）国内到达系统；

（6）国际到达系统；

（7）值机线 A1 到分拣机导入口；

（8）值机线 A2 到集装转盘；

（9）值机线 B1 到分拣机导入口；

（10）值机线 B2 到集装转盘；

（11）值机线 C1 到分拣机导入口；

（12）值机线 C2 到集装转盘；

（13）值机线 D1 到分拣机导入口；

（14）值机线 D2 到集装转盘；

（15）国内早到行李 1 到分拣机导入口；

（16）国内早到行李 2 到分拣机导入口；

（17）值机线 D-D 到分拣机导入口和中转；

（18）值机线 D-I 到集装转盘；

（19）值机线 I-D 到分拣机导入口；

（20）OOG 系统；

（21）值机线 E1 到分拣机导入口；

（22）值机线 E2 到集装转盘；

（23）值机线 F1 到分拣机导入口；

（24）值机线 F2 到集装转盘；

（25）值机线 G1 到分拣机导入口；

（26）值机线 G2 到集装转盘；

（27）值机线 H1 到分拣机导入口；

（28）值机线 H2 到集装转盘；

（29）国际早到行李到托盘分拣机。

2. 设备安装工艺流程

施工前准备工作→划线→设备进入场地→吊装和就位→设备的机械安装和调整→电气施工（桥架、电控接线）→单机调试→系统调试→试运行→检测验收。

3.16.2.2 施工技术方案

1. 施工测量放线

在施工过程中应有一个准确并较为持久的测量控制系统，开工前应根据业主或土建单位提供的土建基准点及工艺平面布置图上的基准柱进行施工放线，并建立X-Y平面坐标系，根据X-Y平面坐标系对系统设备位置线（就位设备的中心线）进行放线。

2. 平面度的检测

在完成设备的位置线后，应根据现场设备位置线检测安装平面的平整度，安装平面的平整度必须达到技术协议要求后方可施工。

测量平整度的仪器用经纬仪或水准仪。

3. 设备就位方案

在行李处理系统输送设备的施工中，根据《系统设备平面工艺布置图》以及施工现场的实际工艺平面布置情况，确定各行李处理系统单机设备的组装、吊装位置和方位，并科学安排单机设备的施工顺序，否则会影响下台设备的施工空间，其他设备的施工将无法进行。

4. 单机设备安装调试方案

单机设备的安装和调试严格按照相关公司技术要求进行，并以《民用机场航站楼行李处理系统检测验收规范》MH/T 5106—2013为检测标准。

3.17 安检信息管理系统施工技术

3.17.1 概述

传统的机场安检管理系统多是单机系统，托运、人员检查、X光检查等活动信息多是分开处理和存取，不利于信息的统一共享、快速分析和处置支持。随着技术的发展和安全形势的要求有必要利用计算机和网络技术研究一个新的机场安检系统，来快速、全面地进行安检管理。

技术上，安装实物综合布置、排列、定位准确合理，整齐有序，与柜台结合紧密，和谐统一，相得益彰；细致周到地处理好设备，确保安检信息管理系统设备不影响其他系统设备的正常运行；精心实施设备、装置和系统单体测试、接口测试、系统调试、联合调试，确保系统一次投运成功，整体联动一次成功，运行正常可靠。

质量上，严格按施工规范布置安装，力求美观。严格按照规范标准组织施工；安检信息管理系统的承建单位服从各相关总包的统一管理，与各信息系统承包商联手，共同预防和消除质量通病，同时从思想上、组织上、技术上、管理上采取综合治理措施，确保安装工程质量合格。

3.17.2 施工要点

根据机场安检信息管理系统工程的施工特点，施工程序可分为施工准备阶段、施工安装阶段、系统调试阶段、系统试运行阶段、系统竣工验收阶段。

3.17.2.1 施工准备阶段

这一阶段主要做各种实施准备工作，通过充分细致的准备工作，可为项目的实施创造良好的物质和技术条件，是项目能顺利进行的必要保证。应从技术、人、财、物、实施环境等各方面作好充分准备。内容主要包括：对项目的需求分析、图纸的深化设计、软件详细设计、熟悉实施环境及用户需求，编制项目实施总体方案，其中含有：各子系统相应的实施进度计划、项目人力资源计划、设备材料进出场计划等，并采购设备材料、安排人员逐步到位。实施培训，为下一步项目实施做好人力、物力、资料等各方面的准备工作。

1. 技术准备

以工程合同为依据，抓紧施工图深化设计和施工图的会审工作。完善系统施工图和其他项目施工图的协调工作。

同管理人员讨论，最终确定工程各子系统设备清单，以便设备的订货、进口和运输。

在总体工程进度计划的指导下，编制系统工程进度总计划、年度计划和现阶段的施工计划。

编制系统总体施工方案和各设备系统的分项施工方案。

在现场经理及技术负责人主持下，各专业工程师向施工班组进行认真仔细的技术交底。施工班组在接受交底后，认真贯彻施工意图。

2. 设备、材料准备

（1）根据确定的设备与材料清单，进行订货采购。

（2）编制系统设备和辅材到货计划。

（3）在业主分配的场地搭建办公、加工、仓库等临时设施。

（4）编制技术人员配置计划表和器具计划表。

3. 现场准备

（1）办妥施工许可证。

（2）办妥人员出入证，并进行严格的安全教育。

（3）认真检查器具的安全性和可靠性。

（4）在业主分配的场地搭建现场加工的制作工场。

3.17.2.2　施工安装阶段

机场安检信息管理系统项目实施阶段，是整个工程项目管理最重要的阶段。该阶段的周期较长，而且工程施工内容大而全，无论从安装量上及安装时间的要求上都是非常紧张的。

各系统施工工作铺开，进入安装高峰期。施工人员、机具、材料进场，各方面的措施都能满足施工要求，现场方面环境、交叉施工过程中要在规范化管理的基础上采用总体项目并行施工，各子系统流水作业，结合现场实际情况，实施模块化生产方式。由于机场安检信息管理系统工期较紧，此阶段将投入大量的人力物力，并根据工程实际，建立多支施工班组，将工作量细分至每人，同时在各班组间展开安全劳动生产竞赛，充分提高工人的工作积极性，最大限度地合理利用劳动力资源。

整个阶段是工程质量形成的发展阶段，是进行进度控制的关键，所以必须做好项目工作的合理划分、实施过程中的人力资源控制、实施过程的进度和质量控制。

1. 项目工作的合理划分

（1）按时间划分

1）硬件安装准备阶段。

2）软件需求调研分析阶段。

3）软件概要设计阶段。

4）软件详细设计阶段。

5）软件编码阶段。

6）软件测试，贯穿于软件需求分析、概要设计、详细设计、编码直至投产各个阶段。

7）硬件安装阶段。

8）硬件调试、软件试运行阶段。

9）项目交付阶段。

10）项目验收阶段。

（2）按工种划分

1）外围设备安装。

2）服务器、计算机设备安装、调试。

3）系统软件安装、调试。

4）系统间接口调试。

5）系统验收。

2. 实施过程中的人力资源控制

根据项目要求，有计划地进行组织实施，并结合项目实际实施过程中多变的情况，搞好项目调度平衡，做好每周协调，每日小安排，解决实施过程中的各类实际问题。

3. 实施过程的进度控制

在实施过程中，要对各个子系统进行分析，对照设计方案，是否按计划实施，从项目工期、项目进度、项目质量、安全、文明等各个方面去检查，做到一个月大检查，一周各专业自检，并定期召开专题分析会，做到计划落实，整改到人。

4. 实施过程的质量控制

建立由项目经理领导，专业技术工程师中间控制，质量管理工程师随时随地检查，项目组自检互检的质量管理体系，这是一个纵向的管理网络。

建立一个由技术管理部管理的各子系统设备安装和软件研发组成的横向质量管理网络。该管理网络的主要功能是协调。

建立由项目经理、专业技术工程师、质量管理工程师、各专业工程师组成的质量管理小组，全面推行标准化工作。

建立一个高效、灵敏的质量信息反馈系统。质量管理工程师和各专业工程师是信息的中心，负责收集、整理和传递质量动态信息给分项技术负责人。

分项技术负责人对异常情况信息迅速做出反应，并将新的指令传达给研发小组，调整实施计划，纠正偏差。

质量管理小组的工作步骤如下：

（1）找出问题，分析原因；

（2）找出主要影响因素；

（3）拟订措施；

（4）认真执行措施；

（5）检查效果；

（6）总结经验，纳入标准；

（7）纠正偏差，转入下期循环。

3.17.2.3　系统调试阶段

机场安检信息管理系统的调试、初步验收阶段，是整个项目管理的关键阶段，通过软件研发和硬件安装，项目实施已接近尾声，已取得了规模和成绩，但是还要通过测试、调试来检验该项目的前面两个阶段是否管理得合理，是否有成效。

同时，要根据测试、调试的情况，对达不到要求的地方进行整改。对特殊的子系统，要并行上线（信息系统为辅，人工为主）进行系统确认，以保证项目质量。

对信息化系统而言，调试工作显得更加重要，需要认真做好下列工作：

1. 对项目进行全面检查

主要检查设计蓝图、用户需求调研报告和合同，逐项对照，进行交付物盘点，划出未完和遗留项目，以及存在的未处理问题，要列出清单，定出各专业收尾进度计划，制定收尾措施，限时完成，不留尾巴。

2. 硬件调试

系统安装完成后进入系统调试阶段，对设备进行通电、调试；单机试运转；单系统调测、多系统联动调测。同时，对于调试方面的细节问题要重视、及时与相关人员联系、协调并给予解决，做好调试记录。

3. 软件上线

硬件系统安装调试完成后，可以安装软件系统，并行上线和确认，项目组根据上线方案或软件确认通过准则对系统各项功能和整体性能进行全方位检查。对于上线过程中出现的问题要给予重视，及时进行协调并给予解决，做好系统确认报告并归档，为系统以后的运行维护工作做好准备。

3.17.2.4 系统试运行阶段

根据要求进行系统试运行测试的工作，派专人进行试运行的维护工作，并每日做好试运行测试的运行记录，保证将来有据可查，为一次验收合格创造条件。

项目试运行阶段，实施项目的系统试运行，并做好试运行阶段的运行记录工作，主要工作包括：

1. 按照操作程序使用系统

系统试运行时，操作人员必须严格按系统使用手册、执行操作规章制度，避免出现危害项目质量和安全的操作事故。

2. 试运行过程的服务

提供足够的技术支持包括对管理部门技术人员的帮带、系统运行和操作的监督、紧急故障的抢修和解决。若在正常运行条件下产生属于质量和系统功能质量的问题，必须尽快进行修复和解决。

工程出现质量缺陷时，须按国家颁布的工程保修制度和施工合同规定程序进行返修工作：

（1）试运行中发现问题

试运行过程中发现缺陷及产品配合等方面存在的问题，提出故障报告，确定检修方案。修复后记录归档。

（2）甲方通知返修

试运行条件下发现质量缺陷时，由甲方发出书面通知，说明发现质量问题的分系统部位与情况，便于及时派人检查修复。

（3）项目返修实施

与甲方共同查找质量缺陷的原因，确定修复方案；修复时甲方给予必要的方便条件，包括部分或全部停止试运行；返修项目质量以国家规范、规程、标准和原设计要求为准。

3.17.2.5 系统竣工验收阶段

竣工验收阶段虽然由于项目快结束，剩余的工作不太多，但是这里要注意的是：往往前面几个阶段都通过管理，抓了项目质量、进度等，取得了成绩，而对竣工验收阶段，容易造成松懈情况，使项目不但收不了尾，而且造成业主无法使用，必须做到有始有终。

经自检合格后，及时整理、汇编项目交付物，做到真实、及时、无遗留，报甲方、监理方和质量监管部门验收。验收完毕后，做好项目竣工资料的制作，将一份完整的竣工资料交付业主使用，同时为结算提供依据，为以后检查和检修提供依据。

3.17.3 “一夜转场”管理方案

当前很多机场需要在一夜之间实现新/老机场的转换。新机场需要一夜之间正式投入使用。为确保新机场能够实现顺利成功转场，特制定转场方案。

3.17.3.1 成立转场领导小组

成立转场领导小组，负责转场的统筹规划及组织管理。领导小组实行目标管理责任制。

组长：项目总负责人。

领导小组成员：由项目经理、现场管理负责人、技术管理负责人组成。

领导小组职责：

(1) 组织编制新机场转场方案及转场应急预案；

(2) 协调落实转场需要的人员、设备、材料等资源；

(3) 负责与信息总包、监理单位及各相关系统的沟通协调；

(4) 项目经理负责转场现场的管理工作；

(5) 现场管理负责人、技术管理负责人需在转场前对保障队伍进行检查，并做好转场的交底工作。

3.17.3.2 转场工作的原则

新机场能够成功完成“一夜转场”是项目成功的重要标志之一，因此要以高度重视、统一规划、服从指挥、协调配合为原则。

(1) 高度重视：项目组应高度重视转场工作，提高项目组成员的认识。提前编制好转场方案并获得信息总包、监理单位及指挥部的认可。在转场前，由项目总负责人组织召开转场工作专项会议，向项目组成员强调转场工作的重要性，并做好转场的交底工作。

(2) 统一规划：由项目总负责人组织转场工作。除了制定转场方案以外，还要制定转场计划及转场应急预案，落实各分项负责人，要求参与转场的所有人员能处理各种复杂问题和突发事件。

(3) 服从指挥、协调配合：“一夜转场”涉及新机场运营中的所有系统、所有部门、所有岗位及配套的交通等，因此必须服从信息总包、监理单位以及指挥部的统一管理和指挥，以确保转场时的沟通协调工作能够顺利进行，配合各相关部门做好相关信息系统及其接口的保障工作。

3.17.3.3 转场的主要工作

新/老机场的转场工作主要包括以下几个方面：

（1）编制安检信息管理系统转场方案及计划，并获得信息总包、监理单位及指挥部的认可；

（2）做好转场交底工作，要求被交底人签字确认；

（3）加强培训，提高员工在实施转场的应急处理能力；

（4）做好转场前的用户培训工作，确保用户能够正确地使用系统；

（5）参与新机场的转场演练，以全面检查信息系统功能、设备的稳定性和完善性；

（6）制定转场应急预案，进行风险分析控制及运行保障；

（7）为转场提供充分的人员、设备、材料等资源保证。

另外还需做好如下工作：

1. 系统集成测试

在转场之前，参与由信息总包组织的系统集成测试和现场联调测试，包括各项功能的假设特定测试及基于“真实数据”的整体场景测试。确保系统整体功能、性能满足要求并运行稳定。

2. 系统配置

在转场之前，应对安检信息管理系统主机的相关地址进行重新定义。编制详细的地址定义表格，填写操作记录，操作人员签字确认安检信息管理系统以备查。

3. 用户培训

（1）制定详细的用户培训计划，并经过信息总包、监理单位及指挥部的审核。

（2）指定经验丰富的技术人员对用户进行培训。

（3）对系统用户分角色、分岗位、分权限进行培训，以课堂授课及现场上机操作相配合的方式进行。确保所有用户能够正确、熟练地使用系统。

4. 转场的后期工作

转场后，将根据安检信息管理系统正常保障的要求及公司的相关规定，投入人力进行系统的维护保障工作，并根据公司的规定填写保障记录，由保障人员签字确认，以备查。

5. 应急预案

在转场之前，制定转场应急预案，并经过信息总包、监理单位及指挥部的审核，并对相关技术、保障人员进行技术交底，以能够及时处理各种突发情况，保证转场成功。

4 专项技术研究

4.1 航站楼钢柱混凝土顶升浇筑施工技术

4.1.1 概述

现代大跨度结构的柱子多采用型钢结构，多为钢管混凝土柱。钢管内混凝土的浇筑有两种方法：高抛和顶升。

采用泵送顶升浇筑法施工，自柱下部侧面预留孔接入混凝土泵管，自下而上一次压入自密实高性能混凝土，无需振捣，施工速度快，施工质量可靠，能避免由于加强钢板阻隔造成的局部不密或混凝土离析等质量缺陷。

4.1.2 施工要点

4.1.2.1 施工方法选择

根据相关规定，钢柱内混凝土可采用导管浇筑法，泵送顶升浇筑法或手工逐段浇筑法施工。

若采用导管浇筑法，柱高均超过 10m，且柱中加强钢板留洞较小，振捣较困难，如果柱身倾斜，插入式振捣棒无法插到柱底；采用手工逐段浇筑法，多层加强钢板会阻挡混凝土下落，经多层加强钢板阻隔后，落到底的混凝土势必造成石子多砂浆少，影响混凝土的匀质性。

根据航站楼工程特点，结合工程的实践经验，采用泵送顶升浇筑法自柱下部侧面预留孔接入混凝土泵管，自下而上一次压入自密实高性能混凝土，无需振捣，施工速度快，施工质量可靠，能避免由于加强钢板阻隔造成的局部不密或混凝土离析等质量缺陷。

钢柱内混凝土优先选用泵送顶升浇筑法施工。

4.1.2.2　泵送顶升浇筑施工方案

泵送顶升浇筑施工法即采用拖式混凝土泵，将泵管直接接入柱下部预留孔内，利用泵送压力将混凝土自柱底部一次压送到柱顶的施工方法。

采用此种施工方法，要解决钢管内混凝土逆作施工程序、混凝土配合比设计与配制、混凝土泵管与柱的连接和浇筑完成后的封闭、混凝土顶升压力的确定及泵车的选用和混凝土顶升浇筑施工工艺5个核心技术问题。

1. 钢管内混凝土逆作施工程序

按照正常的施工程序和设计要求，钢管柱吊装完成后，应立即进行柱内混凝土的浇筑，然后再施工楼层梁板结构。但由于工程的混凝土浇筑方法一直未确定，钢管柱已安装完成，当地混凝土搅拌站从未做过自密实混凝土，不能提供成熟的配合比，需要进行材料选择、进料、试验、配合比试配等工作，至少需要30d。因此，工地处于停工等待状态。

在这种情况下，工程人员与设计院驻现场代表商量，提出先施工楼层梁板，后浇筑柱内混凝土的逆作施工程序。设计人员经过核算，同意了工程人员提出的施工方案。在施工楼层梁板的同时，做自密实混凝土的试配和其他准备工作，避免了停工等待，为保证整个工程工期赢得了至少30d时间。同时还节省了单根柱浇筑混凝土须搭设脚手架和操作平台的费用，解决了混凝土浇筑时柱的稳定性问题。

2. 混凝土配合比设计与配制

银川河东机场（以此机场为例）钢管柱混凝土设计强度等级为C40，泵送顶升浇筑法施工必须采用自密实混凝土。依据中国土木工程学会标准《自密实混凝土设计与施工指南》CCES 02—2004，结合当地材料情况，对自密实混凝土的组成材料要求、工作性能评价指标及试验方法、配合比设计与配置，提出如下要求：

（1）自密实混凝土的组成材料要求

1）水泥：采用强度等级为42.5的普通硅酸盐水泥，其质量应符合现行国家标准《通用硅酸盐水泥》GB 175 的要求。

2）骨料：应符合现行国家标准《建设用砂》GB/T 14684 和《建设用卵石、碎石》GB/T 14685 等的要求。粗骨料应采用 5～20mm 连续级配的碎石，针片状颗粒含量宜小于 10%，空隙率宜小于 40%。细骨料选用级配合格的中砂，砂的含泥量应小于 1%。

3）水：拌合水应符合现行国家标准《混凝土用水标准》JGJ 63 的要求。

4）外加剂：外加剂应符合现行国家标准《混凝土外加剂》GB 8076 和《混凝土外加剂应用技术规范》GB 50119 的要求，可采用萘系与氨基磺酸盐系复合高效减水剂或聚羧酸盐系外加剂配制。

5）矿物掺合料：矿物掺合料采用Ⅰ级粉煤灰，其质量应符合现行国家标准《粉煤灰混凝土应用技术规范》GB/T 50146 的要求。

（2）自密实混凝土拌合物工作性能指标及评价

1）自密实混凝土拌合物工作性能指标包括填充性、间隙通过性和抗离析性，其具体要求见表 4-1。

自密实混凝土拌合物工作性检测方法与指标要求　　表 4-1

<table>
<tr><th>序号</th><th>检测方法</th><th colspan="3">指标要求</th><th>检测性能</th></tr>
<tr><td rowspan="2">1</td><td rowspan="2">坍落扩展度（SF）</td><td>Ⅰ级</td><td colspan="2">650mm$\leqslant SF \leqslant$750mm</td><td rowspan="2">填充性</td></tr>
<tr><td>Ⅱ级</td><td colspan="2">550mm$\leqslant SF \leqslant$650m</td></tr>
<tr><td>2</td><td>T_{500}流动时间</td><td colspan="3">2s$\leqslant T_{500} \leqslant$5s</td><td>填充性</td></tr>
<tr><td rowspan="2">3</td><td rowspan="2">L 型仪（H_2/H_1）</td><td>Ⅰ级</td><td>钢筋净距 40mm</td><td rowspan="2">$H_2/H_1 \geqslant 0.8$</td><td rowspan="2">间隙通过性
抗离析性</td></tr>
<tr><td>Ⅱ级</td><td>钢筋净距 60mm</td></tr>
<tr><td rowspan="2">4</td><td rowspan="2">U 型仪（Δ_h）</td><td>Ⅰ级</td><td>钢筋净距 40mm</td><td rowspan="2">$\Delta_h \leqslant$30mm</td><td rowspan="2">间隙通过性
抗离析性</td></tr>
<tr><td>Ⅱ级</td><td>钢筋净距 60mm</td></tr>
<tr><td>5</td><td>拌合物稳定性
跳桌试验（f_m）</td><td colspan="3">$f_m \leqslant 10\%$</td><td>抗离析性</td></tr>
</table>

注：1. 对于密集配筋构件或厚度小于 100mm 的混凝土加固工程，采用自密实混凝土施工时，拌合物工作性能指标应符合或采用表中的Ⅰ级指标要求。
2. 对于钢筋最小净距超过粗骨料最大粒径 5 倍的混凝土构件或钢管混凝土构件，采用自密实混凝土施工时，拌合物工作性能指标应符合或采用表中的Ⅱ级指标要求。
3. 表中符号释义参见中国土木工程学会标准《自密实混凝土设计与施工指南》CECS 02—2004。

2）自密实混凝土拌合物填充性（坍落扩展度和 T_{500} 流动时间），试验方法应符合中国土木工程学会标准《自密实混凝土设计与施工指南》CCES 02－2004 附录 A 的规定；间隙通过性和抗离析性试验方法应符合该标准附录 B 和附录 C 的规定。

3）混凝土拌合物的工作性选用坍落扩展度和 L 型仪的检测方法进行综合测试评价。

（3）自密实混凝土的配合比设计方法与试拌、调整和确定，按照中国土木工程学会标准《自密实混凝土设计与施工指南》CCES 02－2004 第 3.5 节的规定执行。

（4）钢柱自密实混凝土配合比设计及生产要求

1）混凝土的力学性能指标应满足设计要求。

2）混凝土的工作性宜选用坍落扩展度和 L 型仪进行检测，具体指标按表 4-1中的Ⅱ级指标控制。

3）混凝土采用预拌生产方式，预拌混凝土生产企业必须具有相应的资质等级证书，建立完善、可行的规章制度，设置技术与质量管理机构，并配备具有技术合格的检测人员和试验设备齐全的试验室。项目生产、技术部门共同对混凝土生产企业进行了考查，确定选用技术力量较强、试验能力满足要求的搅拌站作为工程自密实混凝土的供应单位。

4）混凝土拌制时的原材料计量：除水和外加剂可按体积计量外，其他原材料应按质量计量。原材料的计量允许偏差为：水泥±1%，矿物掺合料±1%，粗、细骨料±2%，水±1%，外加剂±1%。砂、石中的含水量应及时测定，并按测定值调整配合比中的用水量和砂、石用量。

5）混凝土搅拌时间应比普通混凝土适当延长，具体时间应根据现场试拌试验确定。

6）混凝土运输使用搅拌运输车，装料前料口应保持清洁，筒体内应保证干净、潮湿，不得有积水、积浆。

3. 混凝土泵管与柱的连接和浇筑完成后的封闭

（1）侧面预留 ϕ150 混凝土浇筑孔。使用自行设计带 45°弯头和闸板阀的短管与钢柱点焊连接，然后再与泵管连接（图 4-1、图 4-2）。

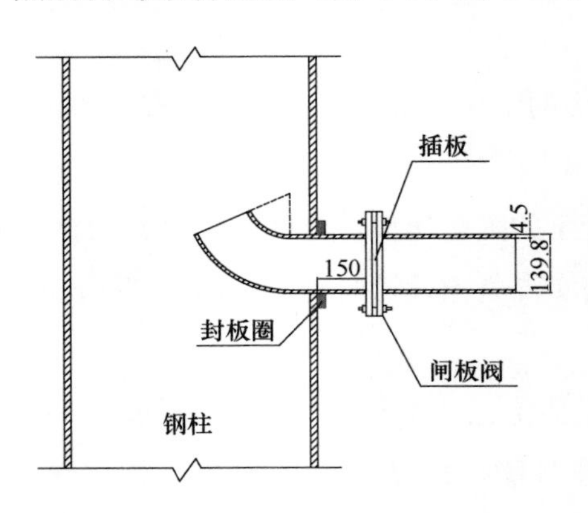

图 4-1　泵管与钢柱连接示意图

说明：1. 插入柱内的短管加 45°弯头是为了防止混凝土直接冲击对面钢柱壁，从而使阻力增大；
2. 封板圈与钢柱周边顶紧后四周点焊固定，一是防止从此处漏浆，二是防止泵管前后串动；
3. 后端短管采用 ϕ125 标准混凝土输送泵管，以便于与输送泵管连接。

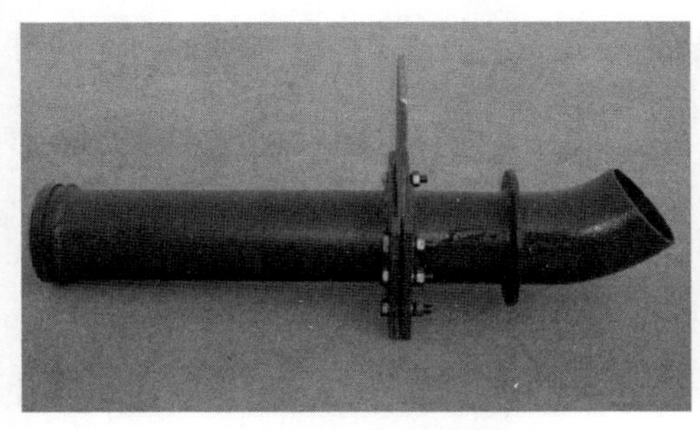

图 4-2　泵管与钢柱连接件实物图

（2）混凝土浇筑完成后，用大锤将闸板阀内插板打入，阻止柱内混凝土回流。

4. 混凝土顶升压力的确定及泵车选用

（1）顶升压力计算

1）压力公式推导

根据流体力学能量方程，在图 4-3 中，取 1-1 及 2-2 截面建立的方程：

$$p_1/r+\alpha v_1^2/2g=h+p_2/r+\alpha v_2^2/2g+\Sigma(h_q+h_j) \tag{4-1}$$

假定 p_2 为 0，整理上式得：$\Delta p=rh+\alpha\ (v_2^2-v_1^2)\ /2g+\Sigma\ (p_q+p_j)$

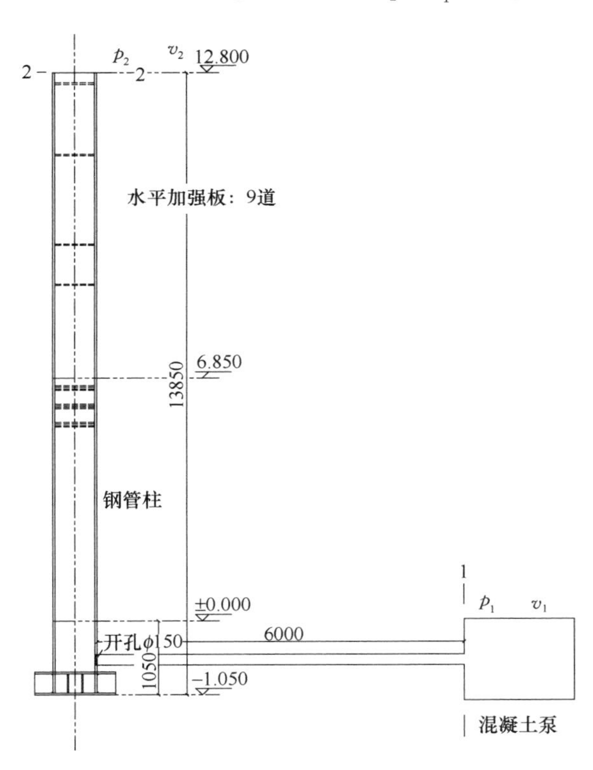

图 4-3　顶升压力计算原理图

在钢管中混凝土速度 v 较小，所以上式可修改为：

$$\begin{aligned}\Delta p&=rh+\Sigma(p_q+p_j)\\&=rh+\Delta p_{q1}+\Delta p_{q2}+\Sigma p_j\end{aligned} \tag{4-2}$$

式中　p_1、p_2、v_1、v_2——截面 1、2 的压力和流速；

r、h——混凝土重度、柱高；

α、g——动能修正系数、重力加速度；

h_q、h_j、p_q、p_j——全程、局部压力高度，全程、局部压力损失；

p_{q1}、p_{q2}——钢管全程压力损失、水平泵管全程压力损失。

2）全程压力损失确定

混凝土泵有两种形式：挤压式、液压活塞式，目前使用最为广泛的是液压活塞式混凝土泵，通过两个液压缸交替推动混凝土，使混凝土在泵管内流动，见图 4-4。

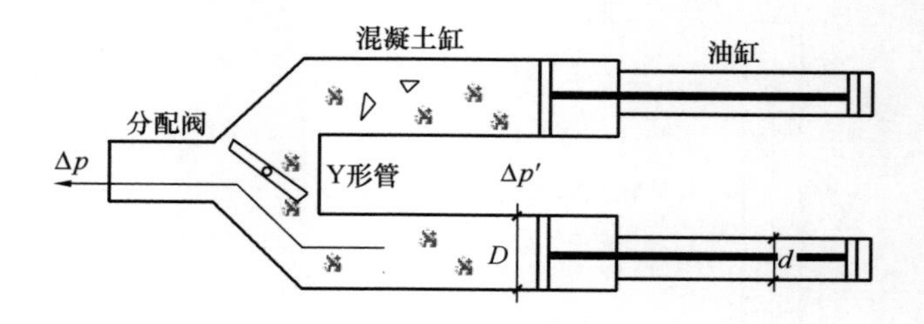

图 4-4　混凝土泵工作原理

混凝土在活塞推动下，压力和速度是脉冲式的，见图 4-5。

混凝土拌合物在管内的流动不同于水，理论上属于非牛顿液体的一般宾哈姆体，由流体力学混凝土拌合物雷诺数 R_e 小于 2000 属于层流运动而不是像水在管道内为紊流运动，所以混凝土拌合物在管内的流动具有一般宾哈姆体层流运动的性质。S. Morinage 根据混凝土拌合物在管道内的上述特点做如下分析。

由于柱塞流具备层流性质，摩阻力 f 与速度 v 成正比，见图 4-6。

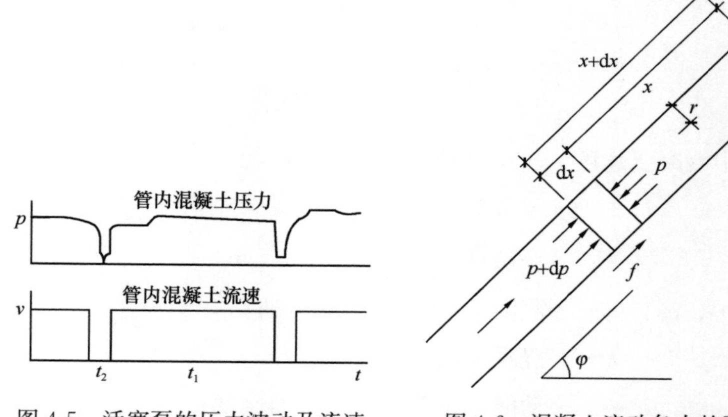

图 4-5　活塞泵的压力波动及流速　　图 4-6　混凝土流动各力的平衡

$$f = k_1 + k_2 v \tag{4-3}$$

考虑混凝土拌合物重力、惯性力、流动阻力及式（4-3）建立平衡方程整理后得每米沿程压力损失：

$$\Delta p_q = \{2[k_1 + k_2(1 + t_2/t_1)v]/r_0 + r\sin\varphi\}\beta \tag{4-4}$$

k_1，k_2是与管壁粗糙度、混凝土坍落度有关的系数，对于一般的混凝土泵管，由下式确定：

$$k_1 = (3.00 - 0.01S) \times 10^2$$

$$k_2 = (4.00 - 0.01S) \times 10^2 \tag{4-5}$$

式中 f、Δp_q——摩阻力，每米沿程压力损失（Pa）；

k_1、k_2——与管壁粗糙度、混凝土坍落度有关的系数；

t_1、t_2——混凝土流动时间，分配阀门转换时混凝土停流时间，$t_2/t_1=0.3$；

v、r、r_0——流速、混凝土重度、管道半径；

φ、β、S——夹角，对于水平管及垂直管 $\sin\varphi$ 为 0 和 1；径向压力与轴向压力比，对普通混凝土 $\beta=0.9$；混凝土坍落度 22cm。

公式（4-4）只适用于普通混凝土泵管，对于直径较大钢管尚须修改，因为钢管内壁比泵管粗糙，混凝土拌合物在钢管停留时间比泵管长，混凝土拌合物在钢管内坍落度随着时间存在较大损失，增加泵送压力，目前还没有该方面的数据及公式来度量其压力的损失，根据实践经验，如果不考虑重力影响［重力影响在式（4-2）中已考虑］，考虑柱高，对于垂直钢管柱我们将公式（4-4）做如下修改：

$$\Delta p_{q1} = 2/r_0(k\beta h) \tag{4-6}$$

其中系数 k 根据实际经验，对于 ϕ400～800mm 的钢管应在 0.004～0.005 之间，此时，r_0、Δp_{q1}、h 单位为 m、MPa、m。

通过以上分析，公式（4-4）适用于普通混凝土泵管（每米沿程压力损失），公式（4-6）适用于高度为 h 的垂直的钢管柱。

此外，对于普通水平泵管公式（4-4）的结果，一般为每 20m 沿程压力损失为 0.1MPa。

（2）局部压力损失

混凝土拌合物在管道内的局部压力损失主要发生在管道变向、变径位置，根据文献及经验，银川河东机场的局部压力损失为：泵管与钢柱的节点按 90°弯头计算，混凝土阻塞压损 0.1MPa；水平加强板 9 道，混凝土阻塞压损分别为 0.05MPa；从混凝土泵到钢管柱途中有一节 3m 的软管，另加 3m 长的水平管及一个弯头；混凝土阻塞压损 0.2MPa；混凝土泵内部混凝土缸 Y 形管、分配阀、内耗分别为 0.05MPa、0.08MPa、2.8MPa。

（3）泵前出口压力计算

根据上述分析将公式（4-2）与（4-6）合并得：

$$\Delta p = \gamma h + 2/r_0(k\beta h) + \Delta p_{q2} + \Sigma p_j \tag{4-7}$$

符号意义同前。

所以泵前出口压力为：

$$\begin{aligned}\Delta p &= 0.02\times13.35+2\times0.0045\times0.9\times13.35/0.3+(0.1\times3/20+0.2+0.1)+(0.2+9\times0.05)\\ &=1.59\end{aligned}$$

如果计算油缸前压力得：

$$\Delta p' = 1.59+0.05+0.08+2.8=4.52\text{MPa}$$

（4）油泵压力计算

可按以下两式计算：

$$p = \Delta p'(D/d) + p_{空v} \tag{4-8}$$

式中　$\Delta p'$、D、d、$p_{空v}$——油缸前压力，混凝土缸直径，油缸直径，活塞摩阻、惯性力、油缸背压及油路压力损失，为 1.4～2.1MPa。

$$p = (4.5\sim7.0)\times\Delta p \tag{4-9}$$

式中　Δp——泵前出口压力，系数坍落度大取下限，坍落度小取上限。

根据式（4-8）、式（4-9）得出钢管混凝土泵送压力为7.155～11.13MPa。由于混凝土坍落度较大，取下限约为7.155MPa。

与混凝土供应厂家协商后，采用Putzmelster NS1813-90汽车泵，最大输送泵压为18MPa。

5. 混凝土顶升浇筑施工工艺

（1）施工准备

1）技术准备

① 与设计、监理洽商柱顶混凝土浇筑部位，考虑到上部钢结构连接构造为焊接连接，混凝土应留有一定的余量，浇筑至顶层隔板下。

② 方案报监理审批后，监理同意实施。

③ 通过考察，确定了预拌混凝土搅拌站，确定自密实混凝土原材料，进行了配合比设计和试配（表4-2）。

混凝土配合比单　　表4-2

<table>
<tr><td>工程部位</td><td colspan="8">A、B、C轴钢柱</td></tr>
<tr><td>砂子产地及规格</td><td colspan="2">×××中砂</td><td>设计等级</td><td>C40</td><td colspan="2">水灰比</td><td colspan="2">0.32</td></tr>
<tr><td>水泥品种、强度等级及产地</td><td colspan="8">P·O42.5×××股份有限公司</td></tr>
<tr><td>石子产地及规格</td><td colspan="8">×××碎石5～20mm</td></tr>
<tr><td rowspan="2">外加剂产地及品种</td><td colspan="8">×××有限公司LD-P1泵送剂</td></tr>
<tr><td colspan="8">×××有限公司LD-EA1混凝土膨胀剂</td></tr>
<tr><td>搅拌振捣方法</td><td colspan="2">不振捣</td><td>坍落度</td><td colspan="2">230±30mm</td><td colspan="2">砂率</td><td>40%</td></tr>
<tr><td>每立方米材料用量（kg）</td><td>配合比</td><td>每盘用量（kg）</td><td colspan="6">要求使用材料性质</td></tr>
<tr><td>水泥</td><td>390.00</td><td>1.00</td><td>780</td><td colspan="5">近期产普通或矿渣水泥</td></tr>
<tr><td>水</td><td>180.00</td><td>0.46</td><td>360</td><td colspan="5">洁净淡水（饮用水）</td></tr>
<tr><td>砂</td><td>660.00</td><td>1.69</td><td>1320</td><td colspan="5">含泥量小于5%，泥块含量小于2%</td></tr>
<tr><td>石子</td><td>1000.00</td><td>2.56</td><td>2000</td><td colspan="5">含泥量小于2%，针片状含量小于25%</td></tr>
<tr><td>粉煤灰</td><td>150.00</td><td>0.38</td><td>300</td><td colspan="5">—</td></tr>
<tr><td>泵送剂</td><td>16.50</td><td>0.04</td><td>33</td><td colspan="5">—</td></tr>
<tr><td>膨胀剂</td><td>30.00</td><td>0.08</td><td>60</td><td colspan="5">—</td></tr>
<tr><td>依据标准</td><td colspan="8">《普通混凝土配合比设计规程》JGJ 55—2000</td></tr>
<tr><td>备注</td><td colspan="8">1. 执行JGJ 55—2000标准，严格按此配合比施工。
2. 本配合比用料均为干燥状态，施工时应按骨料干湿调整配合比</td></tr>
</table>

2）施工机具准备

混凝土 putzmelster NS1813-90 汽车泵 1 台；混凝土运输车根据需要由混凝土搅拌站配备；氧气表、乙炔表各 1 只；氧气瓶、乙炔瓶各 1 瓶；氧气、乙炔气管及气枪 1 把；直流弧电焊机 1 台；E40 电焊条若干；ϕ125 混凝土输送管、各种弯头及管卡若干。接头短管与闸板阀 72 个（自行设计、委托外加工）。混凝土坍落度仪、试模及配套工具。

3）现场准备

① 每根柱设挂梯至柱顶，以便设人观察混凝土顶升浇筑情况。

② 汽车泵根据现场施工情况布置。

4）劳动力准备

施工总负责 1 人、技术负责 1 人、技术员 1 人、质安员 1 人、电气焊工 1 人、电工 1 人、试验员 1 人、机修工 1 人、辅助工 4 人（负责协助电气焊操作，安拆泵管及短管接头，混凝土辅助卸料等工作）。

（2）施工工艺

1）工艺流程

钢柱混凝土顶升浇筑施工工艺流程图见图 4-7。

2）施工要点

① 确定混凝土顶升施工技术条件：钢柱内混凝土顶升施工应在＋6.8m 标高纵向钢梁吊装并焊接完成后进行，以防止在顶升施工时造成钢柱发生位移。

② 钢管柱预留孔修整：根据现场实测钢管柱预留孔尺寸偏差较大，如偏小的短管插不进去，应用气割进行扩孔。

③ 接头短管与闸板阀加工：接头短管与闸板阀按事先设计图纸委托外加工，加工时必须注意以下几点：一是后端短管必须使用标准混凝土泵送 ϕ125 钢管，末端带连接沟槽；二是两块法兰板、一块封板圈必须与短管直线部分垂直，保证组装后前后短管平直，封板圈与钢柱周边紧贴；三是插板大面平、直，两侧面平行光滑，以便能顺利打入。加工件到场后，必须逐件组装验收，不合格的应退回重做。

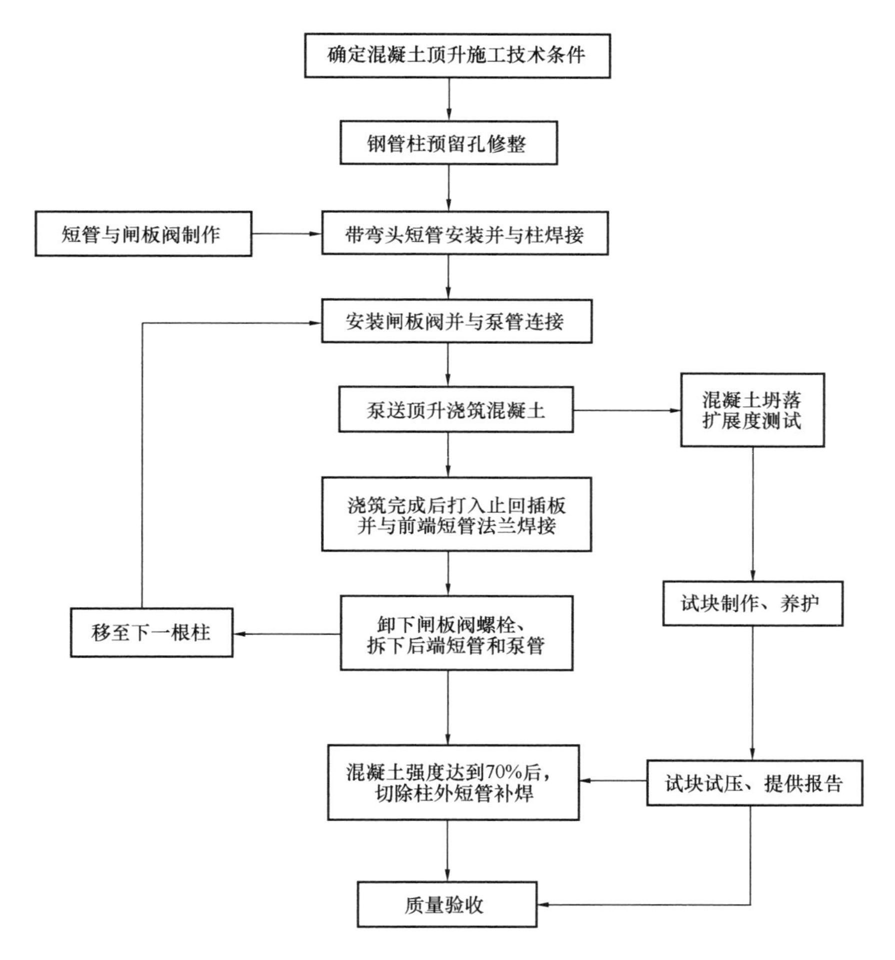

图 4-7 钢柱混凝土顶升浇筑施工工艺流程图

④ 前端（带弯头）短管安装：安装前应从预留孔检查柱内是否有杂物或积水，清除干净后开始安装短管接头。安装时，必须保证插入柱内的短管弯头开口朝上，封板圈与钢柱周边紧贴后焊接，如个别孔口过大封板圈盖不严处应加衬 5mm 厚钢板补焊严密，防止漏浆跑气。

⑤ 安装闸板阀并与泵管连接：将后端短管和插板与前端短管用螺栓组装连接形成闸板阀，安装前先将插板孔洞与短管内口对齐，在法兰板外做出标

记，防止安装后因内口不齐，影响混凝土通过或增大阻力。螺栓安装：螺母下必须加装平垫圈和弹簧垫圈，螺母必须拧紧，防止漏浆漏气或振动后螺母松动。短管后端与泵管用卡压连接，此处应用短钢管做一支架，固定泵管防止串动。

⑥ 泵送顶升浇筑混凝土：混凝土泵送施工前，计算单根柱的混凝土用量，保证一次运送到工地后再开始泵送，防止供料中断，计算结果为Ⓐ轴柱约为 5.1m^3/根，Ⓖ轴柱约为 4.23m^3/根，Ⓛ轴柱约为 4.55m^3/根；第一根柱施工前，混凝土泵启动后，应先泵送适量水（约 10L）以湿润混凝土泵的料斗、活塞及输送管的内壁等直接与混凝土接触部位。经泵送水检查，确认混凝土泵和输送管路无异常后，先泵送砂浆（采用与将泵送的混凝土同配合比的去石砂浆）润滑管道。砂浆泵送前，应先拆开泵管与短管接头，将润滑管道的砂浆放出，然后重新接上接头，开始泵送混凝土，以防止出现过多浮浆，影响混凝土强度。每车混凝土到工地后必须检查坍落度或坍落扩展度，合格后方可使用。

开始泵送时，混凝土泵应处于慢速、匀速状态，泵送速度应先慢，后加速。同时，应观察混凝土泵的压力和各系统的工作情况，待各系统运转顺利，方可以正常速度进行泵送。

泵送混凝土时，混凝土泵的活塞应尽可能保持在最大行程运转。一是提高混凝土泵的输出效率，二是有利于机械的保护。混凝土泵的水箱或活塞清洗室中应经常保持充满水。如输送管内吸入了空气，应立即进行反泵吸出混凝土，将其置于料斗中重新搅拌，排出空气后再泵送。

在泵送过程中，当混凝土泵出现压力升高且不稳定、油温升高、输送管有明显振动等现象而泵送困难时，不得强行泵送，应立即查明原因，采取措施排除。一般可先用木槌敲击输送弯管、锥形管等部位，并进行慢速泵送或反泵，防止堵塞。当输送管堵塞时，应采取下列措施排除：

a. 反复进行反泵和正泵，逐步吸出混凝土至料斗中，重新搅拌后再泵送。

b. 可用木槌敲击等方法，查明堵塞部位，可在管外敲击以击松管内混凝土，并重复进行反泵和正泵，排除堵塞。

c. 当上述两种方法均无效时，应先关闭闸板阀，在混凝土卸压后，拆除堵塞部位的输送管，排出混凝土堵塞物后，再接通管道打开闸板阀，排除空气，拧紧接头，重新泵送。

试块留置、养护按现行国家标准《混凝土结构工程施工质量验收规范》GB 50204 的规定执行，增加一组判定 70%设计强度的试块。

采用自密实混凝土，试块制作过程中，不应采取任何振捣措施，分两次均匀将拌合物装入试模中，中间间隔 30s，然后刮去多余的混凝土拌合物，最后用抹刀将表面抹平。

⑦ 浇筑完成后打入止回插板并与前端短管法兰焊接：混凝土泵送顶升到顶后，稳压 3～5min，观察顶端混凝土不下落，将闸板阀内止回插板打入，随即与前端短管法兰两侧焊接。同时将柱上端混凝土面抹平，用塑料薄膜封严防止失水。

⑧ 待焊缝冷却后即可松开闸板阀连接螺栓，卸去后短管，拆除泵管移至下一根安装。

⑨ 待柱内混凝土强度达到设计强度的 70%后，切除柱侧多余的短管，将管口部混凝土仔细剔凿到柱壁内侧，将原洞口钢板复位焊牢，用砂轮打磨平整，补刷防锈底漆和面漆。

⑩ 质量验收：柱内混凝土的浇灌质量，可用敲击钢管的方法进行初步检查，如有异常则应用超声波检测。对不密实的部位，应采用钻孔压浆法进行补强，然后将钻孔补焊封固。混凝土强度按照现行国家标准《混凝土强度检验评定标准》GB/T 50107 进行合格评定。

按上述措施施工，混凝土一次顶升成功。在单根柱顶升施工过程中，中间不停歇，Ⓐ轴柱 5.1m^3混凝土顶升耗时平均在 5min。后为避免顶升过快，防止在钢管柱中产生气泡，每根柱分三次浇筑，中间停歇 3min，单根耗时为 11min 左右。混凝土汽车泵工作最大泵压为 6.9MPa，略低于计算压力，这也证明计算方法是可靠的。

由于钢管混凝土采用的是微膨胀混凝土，浇筑后连续观察，混凝土有微膨胀现象，12h 后观察，在最高的水平加强板孔上混凝土升高约 20mm。在混凝土初凝前检测，混凝土最高处无明显浮浆。

6. 质量控制要点

在施工中严格遵照现行国家标准《混凝土结构工程施工质量验收规范》GB 50204、中国工程建设标准化协会标准《矩形钢管混凝土结构技术规程》CECS 159—2004 和中国土木工程学会标准《自密实混凝土设计与施工指南》CCES 02—2004 的有关规定，重点强调以下质量管理要求：

（1）泵送顶升混凝土采用的水泥、砂、石子、水、掺合料、外加剂等原材料技术指标必须符合国家标准规定，均应有出厂合格证或试验报告。

（2）混凝土拌合物运送到工地后必须每车检查坍落度或坍落扩展度，不符合要求的不得使用。

（3）加强混凝土试块质量管理，专人负责制作、养护、保管及送检，以试验报告作为检验工程质量和交工的依据。

（4）各种条件准备好后，先做一根试验柱，以便发现问题，积累数据。针对出现的问题进行调整后再组织全面施工。

钢管混凝土在浇筑完成后，分别于 7d、14d、28d 进行敲击检查，未发现有空鼓现象，证明混凝土与钢管结合紧密。混凝土 28d 抗压强度平均达到 51MPa。

4.2 隔震垫安装技术

4.2.1 概述

对于处于地震高发地区的航站楼，须安装隔震垫。

隔震支座设计示意见图 4-8。

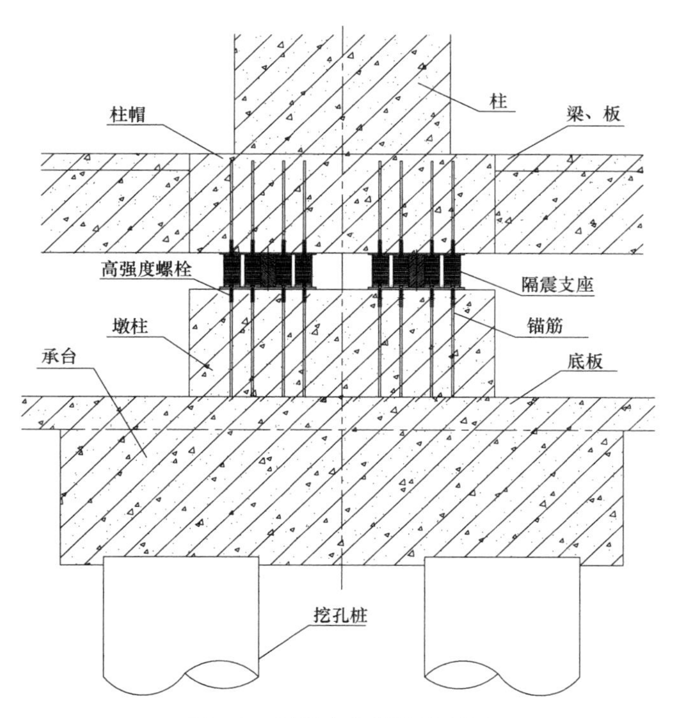

图 4-8 隔震支座设计示意图

4.2.2 施工要点

4.2.2.1 施工准备

1. 材料准备

安装主要材料详见表 4-3。

安装主要材料一览表 表 4-3

序号	材料名称	单位	数量
1	隔震垫	个	
2	45 号钢套筒	个	
3	HRB400 级 36mm 钢筋（1200mm 长）	根	
4	4mm 厚钢模板	个	
5	M36 螺栓	个	

2. 机械设备

考虑到隔震垫重量较大，拟采用 16t 汽车起重机进行吊装安装，其余为钢筋加工、模板加工及混凝土振捣机械等（表 4-4）。

主要机械设备一览表　　表 4-4

序号	材料名称	单位	数量
1	16t 汽车起重机	台	2
2	钢筋弯曲机	台	4
3	钢筋切断机	台	4
4	圆盘锯	台	6
5	插入式振捣棒	台	8

4.2.2.2 施工工艺流程

施工工艺流程见图 4-9。

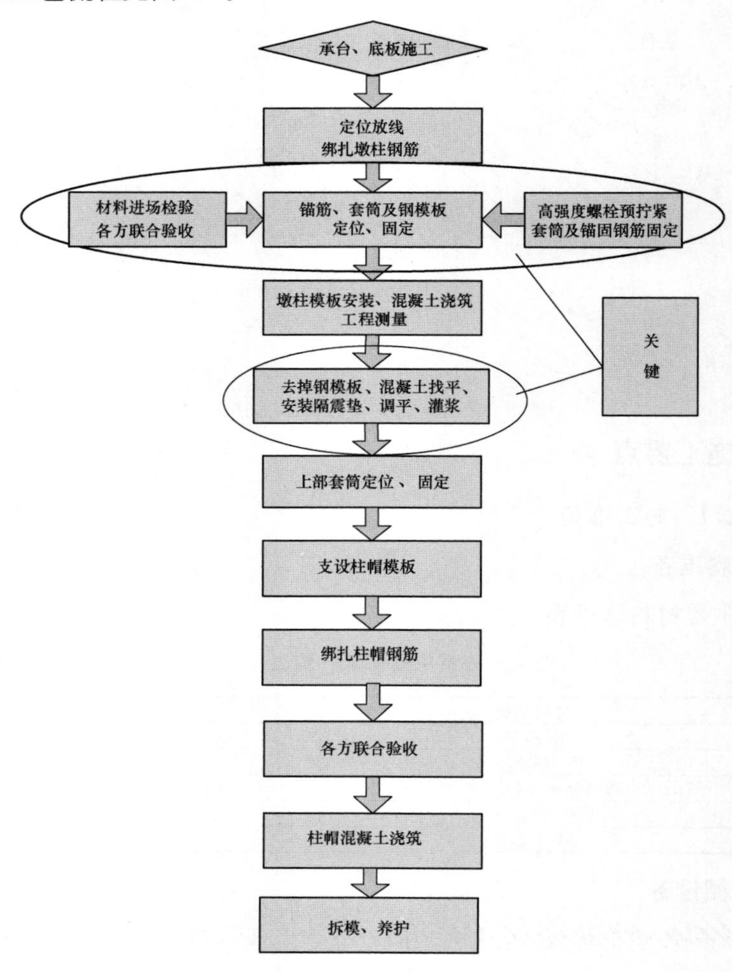

图 4-9　施工工艺流程图

4.2.2.3 施工方法

1. 承台、底板施工

隔震支座墩柱与承台、底板分开施工，墩柱竖向钢筋在承台底板混凝土浇筑前预埋准确，混凝土振捣平整。

2. 测量定位

当承台、底板混凝土强度达到 1.2N/mm² 时，可进行测量定位。为确保隔震垫的平面位置准确，采用全站仪测设每个隔震垫中心点的投影，标定在混凝土面上。

3. 绑扎墩柱钢筋

安装墩柱上部钢筋及周边钢筋。为确保预埋锚筋位置的准确性，在混凝土面上预先标定隔震支座八个预埋锚筋的竖向投影的位置，以尽量避免预埋锚筋后反被承台的主筋阻挡的情况发生。

套筒的上口标高与承台顶面标高相同。

4. 预埋套筒及预埋钢筋定位、固定

预埋套筒及预埋钢筋定位、固定是一个难点，为此采取以下措施：

(1) 预埋套筒上口预先将 4mm 钢模板及高强度螺栓安装固定，以确保套筒的位置准确，见图 4-10。此过程测量是整个隔震垫安装的关键，需密切配

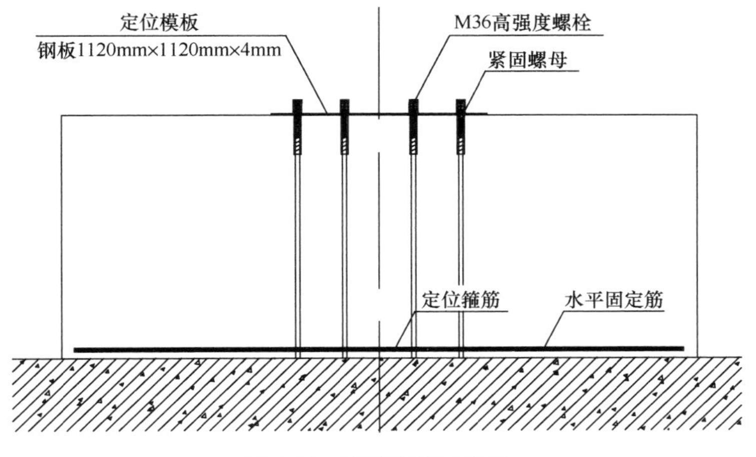

图 4-10 套筒定位示意图

合，测量钢模板的标高、平面位置及平整度，根据偏差大小适时对套筒及锚筋进行调整。

（2）为保证套筒的锚固长度和竖向固定，采用加工螺纹的 $\phi36$ 锚筋与套筒相连。

（3）为保证套筒的垂直度，在锚筋底部点焊 $\phi16$ 定位箍筋，见图 4-11。同时采用两根 $\phi20$ 的垂直相交的水平钢筋与定位箍筋、承台钢筋点焊相连，以确保锚筋不产生水平位移。

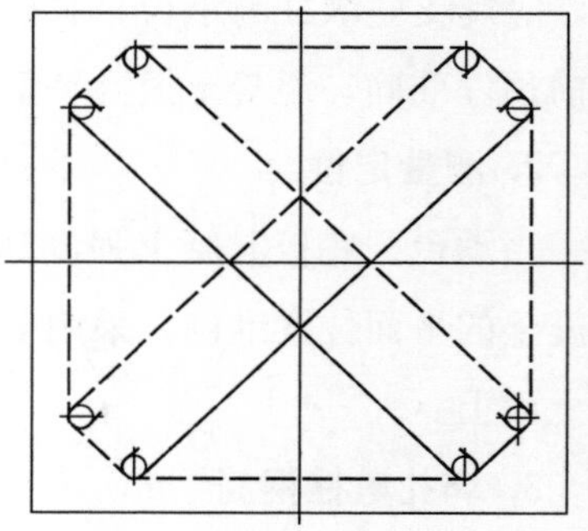

图 4-11　定位箍筋示意图

5. 墩柱侧模安装

安装侧模，用水准仪测定模板高度，并在模板上弹出水平线。模板加固应牢固可靠，为保证侧模刚度，应每 600mm 加设一道对拉螺杆或其他措施。

6. 墩柱浇筑

混凝土振捣时应尽量减少对预埋件的影响，避免泵管对预埋件产生大的冲击。混凝土浇筑完毕后，应对隔震支座中心的平面位置和标高进行复测并记录，若有移动，应立即校正。混凝土终凝前，将钢模板拆除，以便周转使用。为避免砂浆、混凝土等杂物进入套筒孔内，高强度螺栓应拧入套筒内，在螺栓拧入前应对螺栓及套筒涂抹黄油，防止螺栓及套筒锈蚀。

钢模板拆除后，立即采用同配合比的无石混凝土进行找平，找平后应对混凝土面进行标高复核。

为保证钢模板下混凝土浇筑密实，在钢模板上开直径 400mm 的通气孔，见图 4-12。

7. 安装隔震支座

混凝土养护 3d 后，混凝土强度不低于 1.2N/mm^2，将承台面清理干净，拧出高强度螺栓，采用 16t 汽车起重机进行隔震垫吊装。隔震垫安装前应对隔震垫法兰盘下底面油漆进行修补。隔震垫就位后，用全站仪或水准仪复测隔震

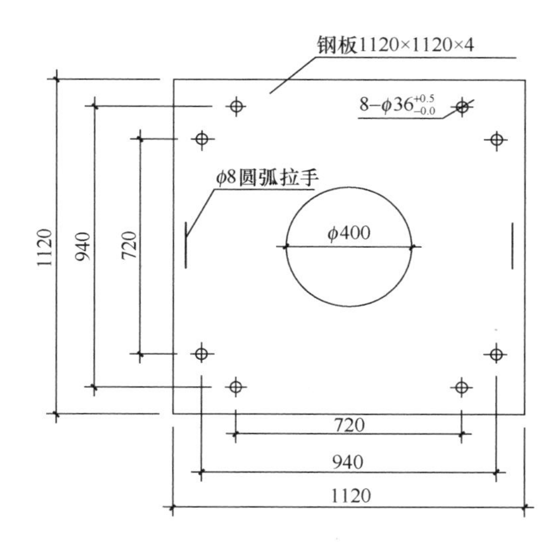

图 4-12 法兰板开孔示意图

垫标高及平面位置，拧紧高强度螺栓。高强度螺栓应对称拧紧，拧紧过程分为初拧、复拧、终拧三个阶段，并在同一天完成。

8. 上部预埋套筒、预埋钢筋固定

将上部预埋钢筋与套筒连接好，再用高强度螺栓连接到隔震支座上。

9. 日后更换

为便于隔震支座日后更换，在隔震支座上表面铺设一层油毡。油毡按隔震垫同尺寸及套筒位置进行裁剪、打孔，油毡应铺设平整。

10. 柱帽底模安装

由于上墩柱高度仅 432mm，对 3 个以上的隔震支座，底模板支撑非常困难，且人无法进入拆除，较一般模板的支撑和拆除难度要大得多。因此，实际施工考虑采用两种施工方案。

其一，采用常规的木模支撑，竖向采用长度截短合适的方木，主龙骨仍采用 $\phi48\times3.5$ 钢管。

其二，在柱帽周边砌筑 120mm 厚砖墙，内填充砂子，抹 2cm 厚砂浆找平层，面刷隔离剂。具体见图 4-13～图 4-15。此示意图仅图示了双隔震支座，其他多隔震支座做法与此相同。

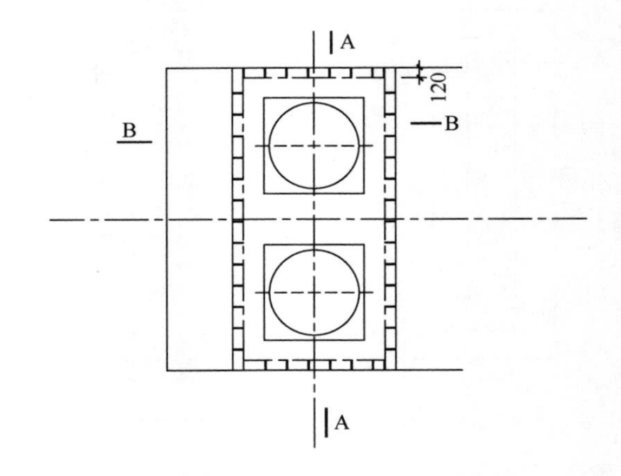

图 4-13　柱帽底模施工平面示意图

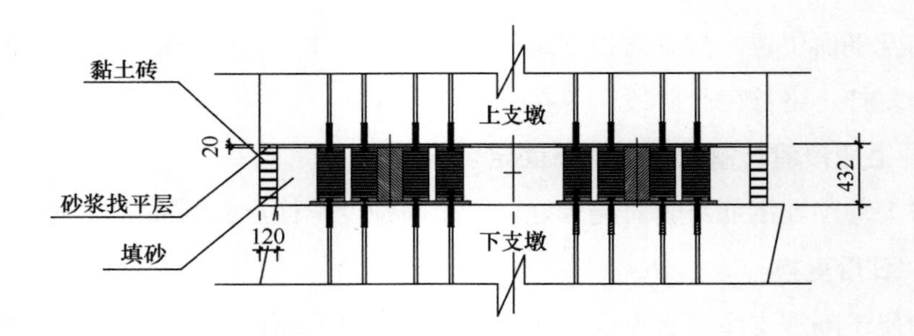

图 4-14　A-A 剖面示意图

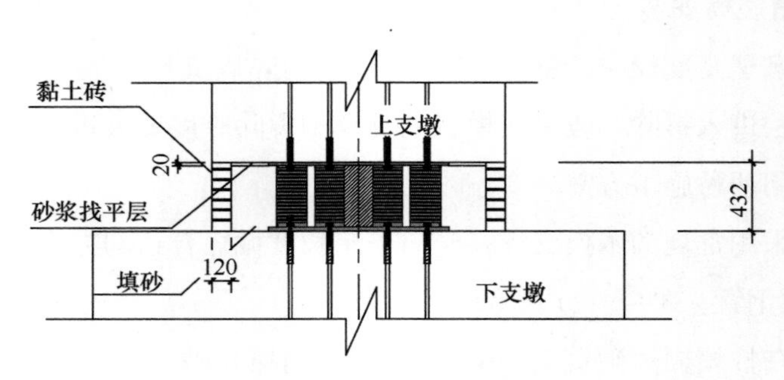

图 4-15　B-B 剖面示意图

11. 柱帽钢筋绑扎

依次绑扎柱帽钢筋、支侧模、浇筑混凝土。此部分施工方法与常规做法相同。

12. 修补

由于隔震支座安装过程和模板支撑、拆除过程中不可避免对隔震支座油漆造成损坏，待柱帽混凝土施工完毕，模板拆除后，对隔震支座油漆进行修补。

4.3 大面积回填土注浆处理技术

4.3.1 概述

灌浆法的实质是用气压、液压或电化学原理，把某些能固化的浆液注入天然的和人为的裂隙或孔隙，以改善各种介质的物理化学性质。灌浆法可提高岩土的力学强度和变形模量，避免发生不均匀沉降。灌浆法的处理对象为粉细砂土和软黏土。

1. 灌浆材料

灌浆工程中所用的浆液是由主剂、溶剂及各种附加剂混合而成。通常所说的灌浆材料是指浆液中所用的主剂。

灌浆材料主要采用普通硅酸盐水泥。此种材料属于颗粒型浆材（或者称水泥系浆材），其优点为：结石力学强度高、耐久性较好且无毒，料源广且价格较低。

2. 灌浆原理

灌浆原理主要分为渗入性灌浆、劈裂灌浆、压密灌浆及电动化学灌浆。此部分采用压密灌浆，具体为通过钻孔向土层中压入浓浆，在注浆点使土体压密而形成浆泡。当浆泡的直径较小时，灌浆压力基本上沿钻孔的径向即水平方向扩展。随着浆泡尺寸的逐渐增大，便产生适宜的上抬力。简单地说，压密灌浆是用浓浆置换和压密土的过程。

压密灌浆的主要特点之一，是它在软弱的土体（粉质砂土、中砂土、软黏土等）中具有较好的效果。

4.3.2 施工要点

4.3.2.1 灌浆设计

1. 工程调查

（1）施工现场地质条件

根据岩土工程勘察报告及现场地层上部已处理情况，场区工程地质条件大致如下（地基处理深度范围内）：

1）地表向下 0～0.4m 为回填灰土垫层，0.4～1.30m 为回填红黏土，上部地层已经分层碾压处理。

2）粉土，褐黄色，灰黄色，稍湿～湿，稍密～中密，土质均匀，层厚 2.10～3.70m。

3）粉质黏土，黄褐色，可塑，局部软塑，土质不甚均匀，局部为黏土，厚度 0.40～1.90m，层底埋深 4.40～6.00m。

（2）地下水位及水质特点

场区地下水位埋深 3.62～4.60m，地下水对钢筋及混凝土无腐蚀作用。

2. 方案选择

根据方案的灌浆目的及地质条件，结合机场为重要的永久性建筑，并且室内一层设有油机间和空调机房等振动型设备基础，采用钻孔压密注浆。

采用钻孔压密注浆土体加固技术，孔径 ϕ75mm～ϕ130mm，孔深为 4.000m；局部（地沟剖面砌体基础、地沟侧壁与砌体并列的墙体基础下等处）处理深度为 6.000m；注浆孔按梅花形布置。其中楼梯基础、扶梯基础、电梯基础、设备基础下注浆孔孔距、排距均为 1.6m，其余孔距、排距均为 3.0m。

采取分序孔的注浆方式，并采用先外围后内部的注浆方法。

3. 灌浆标准

根据方案的灌浆目的、要求，灌浆标准为对于振动基础，灌浆目的是改变地基的自然频率以消除共振条件，因而可以不采用强度较高的浆材。另外灌浆的终注标准为在注浆压力下，吸浆小于 2L/min 终注；相邻注浆孔开始冒浆，稍后再进行注浆。

4. 浆材及配方

（1）浆液应具有良好的流动性和流动性维持能力，以便在不太高的灌浆压力下获得尽可能大的扩散距离；

（2）浆液的析水性要小，稳定性要高，以防在灌浆过程中或灌浆结束后发生颗粒沉淀和分离，并导致浆液的可泵性、可灌性和灌浆体的均匀性大大降低；

（3）制备浆液所用原材料及凝固体都不应具有毒性或者毒性尽可能小，以免污染环境、影响人体健康等；

（4）灌浆材料为 P·O32.5 水泥，浆液水灰比为 1∶1。

5. 容许灌浆压力的确定

$$[p_e] = \beta\gamma T + cK\lambda h = 1.06 \times 10^6 \text{Pa} \tag{4-10}$$

式中 $[p_e]$——容许灌浆压力，10^6Pa；

T——地基覆盖层厚度（m），取 0.52m；

K——与灌浆方式有关的系数，自上而下取 0.8，自下而上取 0.6，取 0.8；

c——与灌浆期次有关的系数，第一期取 1.0，第二期取 1.25；

λ——与地层性质有关的系数，可在 0.5～1.5 之间取值，取 0.5；

h——地面至灌浆段的深度（m），取 1.8m；

β——系数，在 1～3 范围内选择，取 1.0；

γ——地表面以上覆盖层的重度（kN/m^3），取 $19kN/m^3$。

根据处理目的，结合灌浆法地基处理的相关规定，本着经济合理的原则，经与业主、设计、监理商定灌浆压力为 0.5～1.0MPa 之间。

4.3.2.2 灌浆工艺及方案措施

1. 施工工艺方案、设备选型配套及施工进度计划

(1) 施工工艺、流程

根据场地地层情况和技术要求，采用回转钻机成孔，现场搅拌水泥浆，高压灌注水泥浆施工工艺。

工艺流程：准备工作→钻孔→安设注浆系统→封闭注浆段→连接管路→注浆→达到停注要求→上提注浆管→封闭井口→井口刮浆。

(2) 设备选型配套

综合考虑工程量、工期和地层等条件，拟投入 30 台 XY-1 型钻机，主要设备及其配套详见表 4-5。

主要施工设备机械配备表 **表 4-5**

序号	名称	型号	数量	备注
1	钻机	XY-1	30 台	成孔
2	注浆泵	JQ2-22-4	10 台	注浆
3	水泥浆搅拌机	自制	10 台	搅拌水泥浆
4	输浆软管	高压管	200m	输送水泥浆
5	封浆堵塞	自制	30 套	分段注浆用
6	流量仪	自制	10 套	记录流量
7	压力表	—	10 套	记录压力

(3) 施工用水、用电计划

1) 现场用电

10 台水泥浆搅拌机用电：10×6kVA=60kVA；

10 台注浆泵用电：10×15kVA=150kVA；

其他用电：30kVA；

合计用电：240kVA。

2) 施工用水：150m^3/d

（4）施工顺序、工程进度计划

1）钻机布局及基本施工顺序

先对每个桩孔按轴线方向进行编号，成列或成排地分别按列或按排编号，采取间隔跳打、二序次施工法。一序次选施工单号注浆孔，二序次施工双号注浆孔，顺序依次进行。

2）进度计划

每台钻机计划每天完成10个注浆孔，30台钻机每天完成300个注浆孔，按此进度，计划16d内完成约5000个孔的施工。

2. 材料计划

（1）工程主要材料用量

1）单段注浆量计算

$$Q=k\cdot\pi\cdot r^{2}\cdot l\cdot n\cdot a \tag{4-11}$$

式中 Q——单段注浆量（m^3）；

k——浆液损失系数；

r——注浆扩散半径，取1.0m；

l——单段长度（m）；

n——土层孔隙率；

a——浆液充盈系数。

2）每孔注浆总用量

$$Q_{总}=Q_{单段} \tag{4-12}$$

3）注浆材料用量

每立方米中水泥、水的用量（配合比按1∶1）：

$$C:W=1:1 \tag{4-13}$$

$$\frac{C}{R_{C}}+\frac{W}{R_{w}}=1 \tag{4-14}$$

式中 C——每立方米水泥浆中水泥用量（kg/m^3）；

W——每立方米水泥浆中水用量（kg/m^3）；

R_C——水泥密度（kg/m^3）；

R_w——水密度（kg/m^3）。

4）每孔注浆材料用量：$Q_{水泥}=155kg$

5000个注浆孔水泥总用量：$Q_{总水泥}=5000\times0.155=775t$

（2）主要材料进场计划

每天成孔300个，需P·O32.5水泥不少于46.5t。

3. 施工工艺及质量保证措施

（1）施工工艺要求

1）成孔施工

① 采用XY-1机械回转式钻机成孔，孔径75～130mm，上部约1.3m为分层碾压的3∶7灰土、红黏土，根据施工经验注浆量较小，下部2.7m长注浆段的范围为注浆的重点处理范围。

② 钻机就位必须保持水平，钻杆保持垂直，其倾斜度不得大于1%，对位准确，偏差应小于20mm。

采用螺旋钻杆干成孔方法一次成孔。

孔底虚土厚度不得超过0.02m。

2）搅拌水泥浆

① 严格按水灰比上料，配比1∶1。具体施工中控制水泥浆的相对密度，根据计算得1∶1水泥浆的相对密度应控制在1.48～1.55。

② 水泥浆搅拌时间：每盘浆搅拌时间不能少于3min。

③ 采用P·O32.5袋装水泥，定期按批取样送检；水泥产品批次必须符合相关规范要求，每批次必须附有出厂合格检验证明书。

④ 浆体搅拌均匀后，应经过筛网过滤放入储料池中待用；储料池中的水泥浆在注浆过程中需有人缓慢搅拌，在浆液初凝前必须泵送入孔，否则不得使用。

⑤ 浆体应先稀后稠，并且每个注浆孔应一次性注浆完毕，不得中断。

3）压力注浆

① 单孔注浆段长 2.7m，孔径 110～130mm。

② 注浆时注浆压力 0.5～1.0MPa。

③ 注浆时，先行封闭注浆段。措施为：加工专用封浆器具和钻机专用钻杆（ϕ50mm）连接在一起，在孔口向下 0.4m 范围内封住注浆段后开始压力注浆，至吸浆量小于 1～2L/min 时终止注浆，待压力消散后，进行下个孔的压力注浆。

④ 单孔注浆完成后，要及时补注水泥浆，保持注浆孔内水泥浆高度。

（2）工程质量保证措施

施工过程中严格执行相关规范及技术要求，按公司质量体系文件要求做好全过程控制，以过程质量保证整个工程质量，确保工程质量合格。

具体质量保证措施如下：

1）安排强有力的施工班组和项目专人负责，确保工程质量目标。

2）注浆压力和吸浆量是保证工程质量的关键点，对此设专人实行重点监控，并做好相关施工记录。

3）技术质量部负责工程所有的质量监控工作，并整理完善完整的技术资料。质检人员跟班作业，值班经理跟班协调，进行全过程质量监督。

4）施工前加强质量教育，进行岗前培训，增强质量意识。

5）合理布置施工现场，使各环节互不影响。搞好各工种、各工序之间的衔接，避免窝工、怠工现象，提高工作效率。

4.4 厚钢板异形件下料技术

4.4.1 概述

航站楼钢结构工程因结构设计复杂，往往异形板件规格多，钢板较厚，达到 30mm、40mm 甚至 50mm，对切割边缘及开孔要求高，穿轴销的孔径和轴销直径大，且同一根轴销往往必须能穿入七八块异形件拼装组成的轴销孔，因此对制孔的要求高。钢板材质均为 Q345C，其异形钢板下料及制孔的质量决定了钢结构铰支座的安装质量。

航站楼屋盖钢结构桁架支座基本由异形钢板组合连接而成（图 4-16、图 4-17）。

图 4-16　V 形柱上铰支座连接

图 4-17　V 形柱下铰支座连接

4.4.2　施工要点

1. 切割方案选定

航站楼钢结构工程构件连接大多为不规则异形件，各铰支座的切割半径不尽相同，且钢板较厚，设计要求铰支座的穿孔精度高（必须小于 2mm），对切割及开孔的精度要求高。传统的仿形切割机一是开孔切割精度和切割边缘粗糙度达不到本工程的设计及规范要求；二是切割前必须先进行定位放线；三是切割速度较慢。为保证切割质量，工程人员采用龙门式数控切割机，此设备特点是：一是开孔切割精度和切割边缘粗糙度能满足本工程的设计及规范要求；二是无需定位放线，减少了人工放线的定位误差，直接利用 AutoCAD 图形转换为机器语言后就可以自动切割；三是切割速度快。

2. 异形件数控下料

下料步骤为：

（1）先根据钢结构铰支座异形件深化图，利用 AutoCAD 按 1∶1 的比例绘制零件加工图，并详细注明异形下料要求（例如：孔垂直度、孔壁表面的粗糙度、孔的椭圆度、孔的大小、数量、相邻孔的位置等）。

（2）将 AutoCAD 加工的零件图通过机床厂家提供的转化程序（即 SK94），转化成机床能识别的语言。

（3）选择钢板定位基点，在 SK94 程序初见窗上检查转换图是否正确，核对无误后，方可进行切割程序编辑。

（4）根据钢板的厚度、边缘气割粗糙的要求选择气割的割嘴大小、设置切割气体的单位时间内的流量、气体的配比等。

（5）第一个零件切割完成后，检查其切割表面的质量，几何尺寸是否与设计图纸相符等。

（6）成批切割，并按设计图纸的编号分类堆放，交接给下道工序加工。

4.5 高强度螺栓施工、检测技术

4.5.1 概述

航站楼钢结构工程大量采用高强度螺栓，连接方式为摩擦型连接。高强度螺栓连接是钢结构工程中的主要分项工程之一，其施工质量直接影响着整个钢结构的安全，是质量过程控制的重要一环。

4.5.2 施工要点

4.5.2.1 高强度螺栓连接副的储运和保管

高强度螺栓不同于普通螺栓，它是具备强大紧固能力的紧固件，其储运和保管的要求比较高，根据其紧固原理，要求在出厂后至安装前的各个环节必须保持高强度螺栓连接副的出厂状态，也即保持同批大六角头高强度螺栓连接副的扭矩系数和标准偏差不变。高强度螺栓连接副的储运和保管的要求如下：

(1) 高强度螺栓连接副应由制造厂按批配套供应，每个包装箱内都必须配套装有螺栓、螺母及垫圈，包装箱应能满足储运要求，并具备防水、密封的功能。包装箱内应带有产品合格证和质量保证书，包装箱外表面应注明批号、规格及数量。

(2) 在运输、保管及使用过程中应轻装轻卸，防止损伤螺纹，发现螺纹损伤严重或雨淋过的螺栓不应使用。

(3) 螺栓连接副应成箱在室内仓库保管，地面应有防潮措施，并按批号、规格分类堆放，保管使用中不得混批。高强度螺栓连接副包装箱码放底层应架空，距地面高度大于300mm，码高一般不高于6层。

(4) 使用前尽可能不要开箱，以免破坏包装的密封性。开箱取出部分螺栓后也应立即原封包装好，以免沾染灰尘和锈蚀。

(5) 高强度螺栓连接副在安装使用时，工地应按当天计划使用的规格和数量领取，当天安装剩余的也应妥善保管，有条件的话应送回仓库保管。

(6) 在安装过程中，应注意保护螺栓，不得沾染泥砂等脏物和碰伤螺纹。使用过程中如发现异常情况，应立即停止施工，经检查确认无误后再行施工。

(7) 高强度螺栓连接副的保管时间不应超过6个月。当停工、缓建等原因，保管周期超过6个月时，若再次使用须按要求进行扭矩系数试验或紧固轴力试验，检验合格后方可使用。

4.5.2.2 工地复验项目

大六角头高强度连接副的扭矩系数 K 是衡量高强度螺栓质量的主要指标。

(1) 因螺栓在储存和使用过程中扭矩系数易发生变化，所以在安装使用前必须按供应批进行复验，其复测值应满足现行国家标准《钢结构用高强度大六角头螺栓、大六角螺母、垫圈技术条件》GB/T 1231 规定的平均值0.11～0.15，其标准偏差值应小于或等于0.010。复验用螺栓应在施工现场待安装的螺栓批中随机抽取，每批抽取8套连接副进行复验。复验使用的计量器具应经过标定，误差不得超过2%。每套连接副只应做一次试验，不得重复使用。

连接副扭矩系数的复验是将螺栓穿入轴力计，在测出螺栓预拉力 D 的同时，测出施加于螺母上的施拧扭矩值 T，并应按下式计算扭矩系数 K：

$$K = T/(P \cdot D) \tag{4-15}$$

式中 T——施拧扭矩（N·m）；

P——高强度螺栓的公称直径（mm）；

D——螺栓紧固轴力（预拉力）（kN）。

在进行连接副扭矩系数试验时，螺栓的紧固轴力（预拉力）P 应控制在一定的范围内，表 4-6 为各种规格螺栓紧固轴力的试验控制范围。

螺栓紧固轴力值范围（kN） **表 4-6**

螺栓规格	M20	M24	M27
紧固轴力	142～177	206～250	265～324

（2）高强度螺栓连接摩擦面的抗滑移系数数值复验。本项要求在制作单位进行了合格试验的基础上，由安装单位进行复验。

（3）高强度螺栓连接在施工前对连接副实物和摩擦面进行检验和复验，合格后才能进行安装施工。

4.5.2.3 高强度螺栓连接摩擦面

（1）对于高强度螺栓连接，连接板接触摩擦面的抗滑移系数是影响连接承载力的重要因素之一。济南遥墙国际机场工程中高强度螺栓连接摩擦面采取喷砂处理，摩擦系数要求 0.45。

（2）在连接前，必须对高强度螺栓连接摩擦面进行抗滑移系数试验，试验测得值不得低于设计规定的摩擦系数值。抗滑移系数试验按钢结构制造批为单位，由制造厂和安装单位分别进行。以单项工程每 2000t 为一制造批，不足 2000t 的视作一批。抗滑移系数试验用的试件由制造厂加工，试件与所代表的构件应为同一材质、同一摩擦面处理工艺、同批制造、使用同一性能等级、同一直径的高强度螺栓连接副，并在相同条件下同时发运。试件标准形式见现行国家标准《钢结构工程施工质量验收标准》GB 50205 的规定。

（3）在进行连接时，高强度螺栓连接摩擦面不得有各种油漆、泥土、污物等。

4.5.2.4 大六角头高强度螺栓连接施工

（1）大六角头高强度螺栓采用扭矩法进行施工。

（2）对每一个连接接头，应先用临时螺栓或冲钉定位，为防止损伤螺纹引起扭矩系数的变化，严禁把高强度螺栓作为临时螺栓使用。对一个接头来说，临时螺栓和冲钉的数量原则上应根据该接头可能承担的荷载计算确定，并应符合下列要求：

1）不得少于安装螺栓总数的1/3；

2）不得少于两个临时螺栓；

3）冲钉数量不宜多于临时螺栓的30%。

4）高强度螺栓的穿入应在结构中心位置调整后进行，其穿入方向应以施工方便为准，力求一致；安装时要注意垫圈的正反面，即螺母带圆台面的一侧应朝向垫圈有倒角的一侧；对于大六角头高强度螺栓连接副靠近螺头一侧的垫圈，其有倒角的一侧朝向螺栓头。

5）高强度螺栓的安装应能自由穿入孔，严禁强行穿入。如不能自由穿入时，该孔应用铰刀进行修整，修整后孔的直径应小于1.2倍螺栓直径。修孔时，为了防止铁屑落入板叠缝中，铰孔前应将四周螺栓全部拧紧，使板叠密贴后进行，严禁气割扩孔。

6）高强度螺栓连接中连接钢板的孔径略大于螺栓直径，并必须采取钻孔成型方法，钻孔后的钢板表面应平整、孔边无飞边和毛刺，连接板表面应无焊接飞溅物、油污等，螺栓孔径及允许偏差见表4-7。

高强度螺栓连接构件制孔允许偏差　　表4-7

<table>
<tr><th colspan="2">名称</th><th colspan="7">直径及允许偏差（mm）</th></tr>
<tr><td rowspan="2">螺栓</td><td>直径</td><td>12</td><td>16</td><td>20</td><td>22</td><td>24</td><td>27</td><td>30</td></tr>
<tr><td>允许偏差</td><td colspan="2">±0.43</td><td colspan="3">±0.52</td><td colspan="2">±0.84</td></tr>
<tr><td rowspan="2">螺栓孔</td><td>直径</td><td>13.5</td><td>17.5</td><td>22</td><td>24</td><td>26</td><td>30</td><td>33</td></tr>
<tr><td>允许偏差</td><td colspan="2">+0.43
0</td><td colspan="2">+0.52
0</td><td colspan="3">+0.84
0</td></tr>
<tr><td colspan="2">圆度（最大和最小直径之差）</td><td colspan="2">1.00</td><td colspan="5">1.50</td></tr>
<tr><td colspan="2">中心线倾斜度</td><td colspan="7">应不大于板厚的3%，且单层板不得大于2.0mm，
多层板的组合不得大于3.0mm</td></tr>
</table>

7）高强度螺栓连接板螺栓孔的孔距及边距除应符合表 4-8 的要求外，还应考虑专用施工机具的可操作空间。

高强度螺栓的孔距和边距值　　表 4-8

名称	位置和方向		最大值（取两者的较小值）	最小值
中心间距	外排		$8d_0$或 $12t$	$3d_0$
	中间排	构件受压力	$12d_0$或 $18t$	
		构件受拉力	$16d_0$或 $24t$	
中心至构件边缘的距离	顺内力方向		$4d_0$或 $8t$	$2d_0$
	垂直内力方向	切割边		$1.5d_0$
		轧制边		$1.5d_0$

注：1. d_0为高强度螺栓的孔径；t 为外层较薄板件的厚度。

2. 钢板边缘与刚性构件（如角钢、槽钢等）相连的高强度螺栓的最大间距，可按中间数值采用。

高强度螺栓连接板螺栓孔距允许偏差见表 4-9。

高强度螺栓连接构件的孔距允许偏差　　表 4-9

项次	项目		螺栓孔距（mm）			
			500	500～1200	1200～3000	3000
1	同一组内任意两孔间	允许偏差	±1.0	±1.2	—	—
2	相邻两组的端孔间		±1.2	±1.5	+2.0	±3.0

注：孔的分组规定：

1. 在节点中连接板与一根杆件相连的所有连接孔划为一组。

2. 接头处的孔：通用接头——半个拼接板上的孔为一组；阶梯接头——两接头之间的孔为一组。

3. 在两相邻节点或接头间的螺栓孔为一组，但不包括 1、2 所指的孔。

4. 受弯构件翼缘上，每 1m 长度内的孔为一组。

螺栓的扭矩值计算公式如下：

$$M=K\times D\times P \tag{4-16}$$

式中　M——施加于螺母上扭矩值（N·m）；

K——扭矩系数；

D——螺栓公称直径（mm）；

P——螺栓轴力（kN）。

扭矩系数 K 确定后，由于螺栓的轴力（预拉力）P（表 4-10）由设计规定，则螺栓的扭矩值 M 可通过上述公式计算出。

高强度螺栓施工预拉力（kN） **表 4-10**

性能等级	螺栓公称直径（mm）				
	M20	M22	M24	M27	M30
8.8 级	120	150	170	225	275
10.9 级	170	210	250	320	390

高强度螺栓的拧紧主要分两步即初拧和终拧，对于螺栓较多的大接头还需要进行复拧。初拧的目的就是使连接接触面密贴，一般螺栓规格（M20、M22、M24）的初拧扭矩为 200～300N·m，螺栓的轴力达到 10～50kN 即可，在实际操作中用普通扳手以手拧紧即可。初拧和终拧的顺序一般为从中间向两边或四周对称进行，初拧和终拧的螺栓应做不同的标记，避免漏拧、超拧。

4.5.2.5 高强度螺栓连接施工的检验

（1）高强度螺栓连接副的安装顺序及初拧、复拧扭矩检验。检验人员应检查扳手标定记录，螺栓施拧标记及螺栓施工记录，有疑义时抽查螺栓的初拧扭矩。

（2）高强度螺栓的终拧检验。大六角头高强度螺栓连接副在终拧完毕 48h 内应进行终拧扭矩检验，首先对所有螺栓进行终拧标记的检查，除了扭矩检查外，检查人员最好用小锤对节点的每个螺栓逐一进行敲击，从声音的不同找出漏拧或欠拧的螺栓，以便重新拧紧。

高强度螺栓的终拧检验可采取下述两种方法进行：

1）将螺母退回 60°左右，用表盘式定扭矩扳手测定拧回至原来位置时的扭矩值，若测定的扭矩值较施工扭矩值低 10%以内即为合格。

2）用表盘式定扭矩扳手继续拧紧螺栓，测定螺母开始转动时的扭矩值，若测定的扭矩值较施工扭矩值大10%以内即为合格。

3）高强度螺栓连接副终拧后应检验螺栓丝扣外露长度，要求螺栓丝扣外露2～3扣为宜，其中允许有10%的螺栓丝扣外露1扣或4扣，对同一节点，螺栓丝扣外漏应力求一致，便于检查。

4）其他检验项目：

① 高强度螺栓连接摩擦面应保持干燥、整洁，不应有飞边、毛刺、焊接飞溅物、焊疤、氧化铁皮、污垢和不应有的涂料等。

② 高强度螺栓应自由穿入螺栓孔，不应气割扩孔，遇到必须扩孔时，最大扩孔量不应超过1.2d（d为螺栓公称直径）。

4.6 航班信息显示系统（含闭路电视系统、时钟系统）施工技术

4.6.1 概述

航班信息显示系统是以多种主流显示设备为载体，显示面向公众发布的航班信息、公告信息、服务信息等，为旅客、楼内工作人员和航空公司地面代理提供及时、准确、友好的信息服务。它是机场保障旅客正常流程的重要环节，是机场直接面向旅客提供公众服务的重要手段。

4.6.2 施工要点

4.6.2.1 施工程序

施工程序见图4-18。

4.6.2.2 系统联调

（1）调试器材：网络测试仪、数字万用表、示波器、备品备件等（表4-11）。

（2）调试范围：航班信息显示系统内部联调及相关子系统联调。

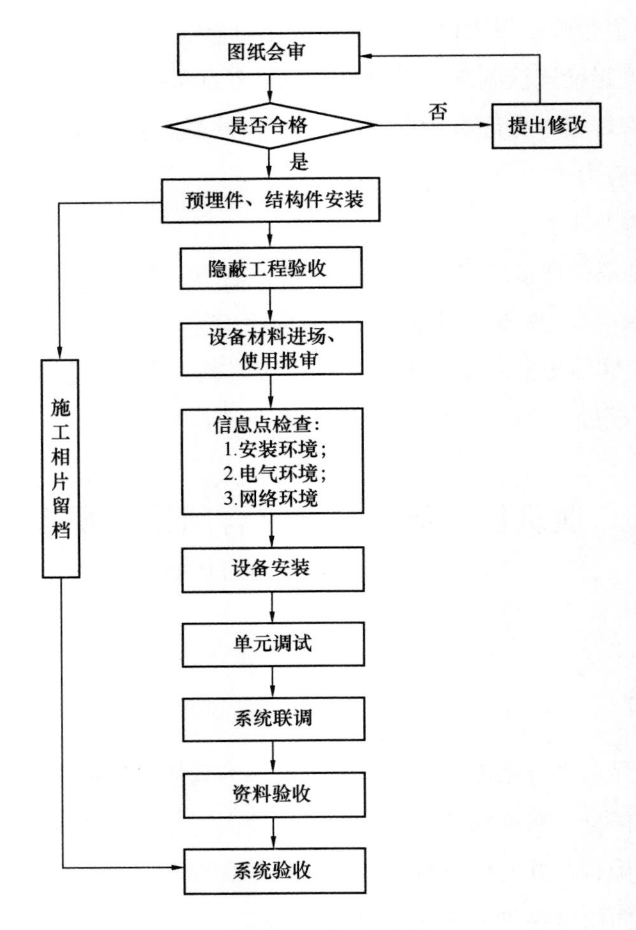

图 4-18　施工程序

器材调试表　　**表 4-11**

航班信息显示系统内部联调	机房服务器设备的安装调试
	机房服务器操作系统、数据库、FIDS 核心软件的安装和调试
	PDP/LED/LCD/智能键盘驱动软件调试
	前端显示设备发布逻辑调试
	与时钟系统接口联调
相关子系统联调	与集成系统的接口软件测试
	与广播系统的接口软件测试

4.7 公共广播、内通及时钟系统施工技术

4.7.1 概述

航站楼的公共广播、内通及时钟系统施工技术是汇集了多项学科知识的综合技术，尤其是随着设备的性能和档次越来越高，施工技术的重要性也越来越强。

航站楼的公共广播、内通及时钟系统设计应在安全、环保、节能和节约资源的基础上满足用户的合理需求。

4.7.2 施工要点

4.7.2.1 施工准备

工程施工准备包括技术准备、施工工具和仪器准备、施工现场准备、施工队伍准备、施工场外准备。

1. 技术准备

技术准备是施工准备的核心。由于任何技术的差错或隐患都可能引起人身安全和质量事故，造成生命、财产和经济的巨大损失，因此必须认真地做好技术准备工作。具体有如下内容：

（1）熟悉、审查施工图纸和有关的设计资料

1）审查设计图纸是否完整、齐全，以及设计图纸和资料是否符合国家有关工程建设的设计、施工方面的方针和政策。

2）审查设计图纸与说明书在内容上是否一致，以及设计图纸与其各组成部分之间有无矛盾和错误。

3）审查设备安装图纸与其相配合的土建施工图纸在坐标、标高上是否一致，掌握土建施工质量是否满足设备安装的要求。

4）明确施工期限、分期分批交付使用的顺序和时间，以及工程所用的主

要材料、设备的数量、规格、来源和供货日期。

5）明确建设、设计和施工等单位之间的协作、配合关系，以及建设单位可以提供的施工条件。

（2）调查分析

1）现场勘察：在布线系统施工前先到现场了解各项相关工程施工进度情况，熟悉现场环境，勘察涉及的方面有大楼内部电磁环境，大楼内部结构及其对槽道系统的影响，配线柜及电信间的内部环境满足电气安装条件，落实工程施工条件。

2）细致的系统分析以及工程方案设计。

3）在现场具备足够及安全的场地作为材料仓库。

4）在材料运输方面，有便利的运输通道以方便材料的运送。

5）满足施工用电需求。

6）地方劳动力和技术水平状况。

2. 施工工具和仪器准备

公共广播系统、内通系统和时钟系统工程的一个显著特点是其技术要求高，因而对施工检测仪器的要求非常高。所有的检测仪器必须经过调校，以保证测试结果的正确。

3. 施工现场准备

（1）确定临时生活设施：设立临时办公室、库房、通勤车，安排食宿等生活问题。

（2）检查前期线管预埋、桥架安装情况。

（3）了解熟悉相应机电安装配合情况。

（4）了解业主所供设备、材料、进场情况。

（5）由项目经理组织召开项目部工作会议，确定质量控制、进度控制计划和措施。

4. 施工队伍准备

一个工程项目的实施，除了严密的工程管理和控制措施外，另一个重要的因素就是施工队伍。在施工准备期间，对施工队伍进行工程交底、技能培训、劳动纪律培训，选择合格的、有大型公共广播系统、内通系统和时钟系统工程经验，特别是有航站楼工程施工经验的技术工人加入到施工队伍中来，择优聘用，持证上岗，是劳动力准备的重要一环，也是保证整个工程顺利进行的重要因素。

5. 施工场外准备

（1）组织外购设备、材料订货。

（2）完成设备成套。

（3）组织设备、材料、机具、人员进场。

（4）项目经理与各模块负责人签订分包管理合同，并以此为准则，明确经济责任、工程项目的进度节点要求、质量标准要求及文明施工、安全施工要求。

4.7.2.2　广播系统施工工艺

1. 施工工序安排

广播系统施工工序见图 4-19。

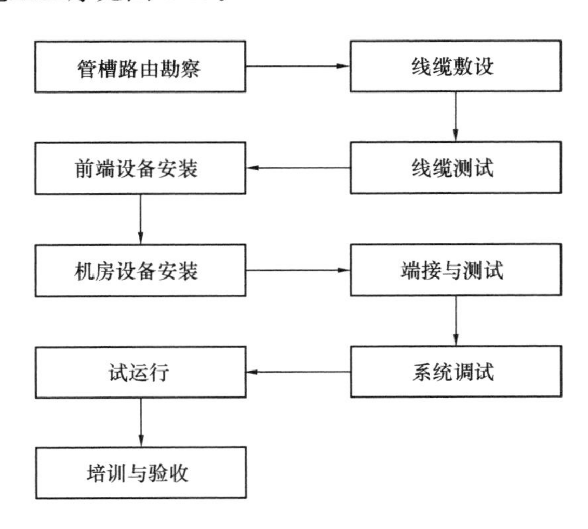

图 4-19　广播系统施工工序图

2. 线缆敷设

在布线完毕后，需要将对所敷设的线缆进行绝缘及回路电阻检测，出具检测报告。

（1）绝缘电阻测试

选用专用耐压、绝缘电阻测试仪对广播信号线、噪声探测器信号线、控制信号线的线间对地电阻进行测试，测试结果各项指标应符合相关标准要求，对不符合相关规范要求的线路进行检查，及时整改。

（2）线路通断测试

选用专用4对线路通断测试仪表（ST-45）对各类线路进行通断及相位测试，保证所有线路均正常连通并且相位正确。

（3）回路直流电阻测试

为保证音频信号及控制信号在线路上得到尽量低的衰减量，我们使用阻抗表对每一个回路进行直流电阻测试，对测试电阻值与出厂技术指标有明显差别的回路应进行整改，直到符合要求为止。

（4）隐蔽工程报验

在完成以上两个步骤工作后，我们将做好电器配管穿线隐蔽记录，及时申请隐蔽工程的验收工作，隐蔽工程的验收将以扬声器组功能分区为单位，分区域报验。报验结果将整理成册，交有关单位存档，作为以后总体验收资料的一部分。

3. 设备安装

（1）前端设备的安装

1）安装点的要求

① 扬声器的安装点必须提供可打入膨胀螺钉的平面或柱面，并且能够承重。

② 壁挂扬声器的安装点必须提供可打入膨胀螺钉的平面，并且能够承重。

③ 吸顶扬声器的安装吊顶必须能够承受扬声器自身的重量。

若安装点不能满足安装要求，必须根据现场具体条件加工安装附件。

2）扬声器安装

电线施工完成，线路检测无故障并通过隐蔽工程验收后，扬声器按设计要求安装。现场安装时可在不改变功能和声场效果的前提下做适当的调整。天花扬声器安装与吊顶装修同步，吊顶的开孔尺寸要和天花相匹配（由装修公司负责开孔），大厅内喇叭采用吊装方式的，接线盒到喇叭用软管连接，软管固定在吊杆上，壁挂音箱安装用塑料膨胀卡固定。

广播系统设备中扬声器作为一个系统直接面对旅客的末端设备，首先应充分考虑安装方式、安装角度对扬声器系统各项技术指标的影响，使之达到最佳的播放效果，还应充分考虑扬声器安装的隐蔽性及与装修整体效果的协调性，使扬声器系统既达到声学规范要求的技术指标，又不会让旅客明显地感觉到扬声器的存在。在进行扬声器安装时将严格按照设计图纸所示功能分区进行，每一个分区安装完毕应进行分区阻抗测试，得出测试报告。完成以上工作后，可进行扬声器分区本地音频测试，使用音频专用测试光碟和噪声频谱分析仪、数字式噪声计进行正弦波、白噪声、人声、音乐测试，测出大厅实际混响时间。并对多个测试点声压级进行对比，考察声场均匀度是否符合设计技术指标要求，如达不到要求，可对分区内的扬声器指向方向进行调节，如此反复比对调节直到达到设计规范要求为止。

扬声器按照图纸要求设定安装，同时充分考虑整体效果和灯具安装的视觉协调，对于将要安装的扬声器，在安装前逐一进行相位测试，测试符合要求方能安装。这样不仅保证了所有扬声器的相位一致，同时大大降低了广播系统联调的难度。

3）音量调节器的安装

音量调节器安装在现场房间内，距地高度 1.5m。

4）噪声探测器安装

噪声探测器应安装在噪声源附近，如人流密集的公共区域，这样才能有效探测到正常的噪声水平。噪声探测器一般隐蔽安装，可天花或嵌墙安装。

（2）广播中心设备的安装与调试

1）完成机柜的定位安装工作，并将电源按规定送到每个机柜配电盘，测试电源线路情况，确定供电电源符合相关规范要求。

2）完成设备的上架安装工作，并做好接插件的固定工作。

3）检查系统的接地情况、桥架、线管、金属软管及机柜做到整体连接，良好接地，并测试接地电阻。

4）逐一对系统设备通电。同时检测相关系统静态技术指标，然后进入系统空负荷运行阶段。

（3）机柜的安装

机柜或机架的安装应符合《综合布线系统工程验收规范》GB/T 50312—2016 第 4.0.1 条的规定。

4. 系统供电方案

广播系统的供电有特殊的要求，为了避免因机场其他大型设备启动及运行带来的电源脉冲影响，广播系统的电源必须达到一定的净化程度。同时，由于该广播系统兼作消防紧急广播用途，为达到相关消防规范要求，系统应能满足在停电情况下应急使用 45min。因此，必须采用在线式 UPS 电源为整个广播系统供电。

优点：

（1）广播系统用电的稳定性

采用两路电源供电可以保证当一路电源出现故障时，自动切换到另一路，保证 UPS 不间断电源的电源输入，如果一路电源供电，当这路电源因事故出现供电时间较长时，UPS 的供电时间是有限的，当 UPS 电源不能满足系统供电要求时，会造成系统因电源原因而引起系统的瘫痪。

当两路电源同时出现故障时，在 UPS 可以满足系统供电需求的范围内，可以保证系统的正常工作。

（2）广播电源的安全性

使用 UPS 统一供电，可以保证系统供电的安全，防止因为电源的质量以及其他方面的影响造成系统的瘫痪，因为经过 UPS 处理过后的电源经过滤波等处理，具有较强的稳定性。

（3）广播系统电源的可维修性

采用统一供电可以保证系统电源的维修性，因为 UPS 系统作为整个机场的一个子系统，可以对本系统进行各种故障的检测，及时对发现的故障进行维修。

下面是广播系统用电技术指标。

1）电压：380V/220V，TN-S 系统。

2）频率：50Hz ＋/－5％。

3）电压波动＋/－10％。

注意事项：

1）人工呼叫站需要本地供电。

2）机柜内所有广播设备的供电电源，如音源设备、功率放大器等应采用接线鼻子与接线端子连接。

5. 设备散热通风

广播系统内设备的发热主要集中在机柜（包括功放机柜、主机机柜）内，由于在这两种机柜内是发热设备集中的地方，所以主要考虑机柜内的散热方式。根据招标文件要求，设备的冷却优选自然通风散热方式，由于机柜相对是一个密封的设备，并且所有的设备都集中在里面，再加上机柜一般安装在一个房间内，自然风是很小的，所以我们建议设备的冷却采用风扇冷却方式。例如在机柜内安装散热风扇，同时隔一定的距离加装一个通风面板，这样保证机柜内各部分的设备能够充分地散热。图 4-20 是散热方式示意图。

6. 电磁兼容与接地

随着科学技术的发展，电子和电气设备在机场内的密度急剧增加，设备的发射功率也越来越大。在机场内一般存在无线调度等多种无线电磁干扰源。此外，其他机电设备的起/停，计算机、显示器、开关电源等电子设备都将产生电磁干扰。所有这些将导致机场内空间的电磁环境相当恶劣。由于机场内广播系统是一个比较重要的系统，一旦本系统受到影响，可能会给机场带来巨大的损失。

系统的接地分为如下几种方式：功率接地（又称中性线 N 接地）、直流接地（逻辑接地）、屏蔽接地、防静电接地和联合接地。

这里主要考虑对机场广播系统工程的弱电接地，确保设备的安全性。具体实施方案如下：

（1）直流接地

用 25mm² 铜芯绝缘线，穿金属管、槽，敷设在弱电井内，一端与总等电位接地线相连，另一端接到机房的逻辑接地控制箱，做信号接地用。此外，从逻辑接地箱起，PE 线严禁再与任何“地”有电气连接。金属管、槽应避开较大电流干线而且保证与防雷下引线有一定的距离。

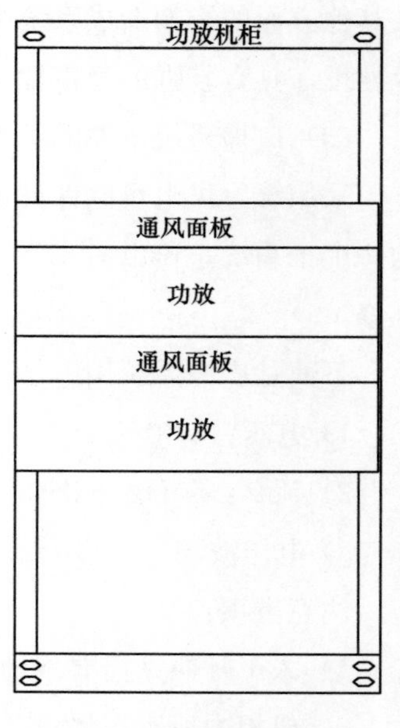

图 4-20　散热方式示意图

（2）数据线路接地

所有进出控制中心的通信线装上相应级别的防雷接地保护器，保护器一端接在通信线路上，另一端直接接到总等电位接地线上。

（3）设备电源接地

通信控制中心使用的工作电源应最少做第二、三极的防雷接地保护，在电源进入配电箱前装第二极电源保护器，在电源进入通信设备前装第三极电源保护器，第二、三极的电源保护接地线直接接到总等电位铜排上。

（4）静电接地

机房内地坪必须采用导电地板，导电地板以及被绝缘支撑的金属构件一起接到保护接地的辅助等电位铜排上。

（5）屏蔽接地

将机房内的所有金属门窗、控制箱、控制柜、机房所有设备的外壳及附近的非带电导体一起接到保护接地的辅助等电位铜排上。

（6）系统联合接地

因为机场内还有其他弱电子系统，各系统的接地是对系统保护的重要措施，由于系统繁多，如果系统各有自己的接地系统，整个机场的接地就比较混乱，针对这种弱电系统比较多的工程，我们一般采用联合接地，所谓联合接地就是各个系统采用统一的接地体，每个系统接地线全部接到整个工程的统一接地网上，接地线采用多股铜线，电阻要小于 1Ω，要符合 TIA/EIA-607 标准。

4.7.2.3 内通设备安装、调试管理

1. 安装环境要求

为保证内通系统能稳定可靠地工作，下面是我们对机房的要求，包括对机房的环境、地线、电源、走线方式、机房高度要求。机房平面布置示意图见图 4-21。

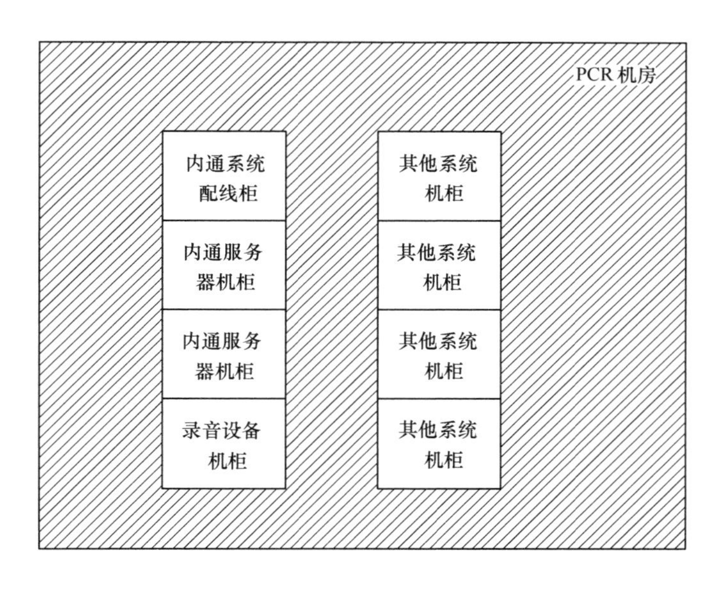

图 4-21 机房平面布置图

（1）机房建筑要求

1）机房建筑的地面负荷为 600kg/m^2。

2）机柜距离：后墙 1m，前墙 1.5m，保持足够的空间，以便操作。

3）电缆在机柜下面走，安装供敷设电缆的走线槽。

4）地面要铺设防静电感应的半导电活动地板。

5）机房内要防止有腐蚀的气体进入，特别要防止电池室内的酸气进入，以免腐蚀机器设备。

6）机房内要有自动防火报警，并配有一定数量的灭火机。

7）在机房入口处要设有过渡门廊。

8）放置维护终端的房间，最好要与机房隔开，在机柜正面隔墙设置玻璃观察窗，以便了解机房内情况。

（2）机房环境要求

1）机房内的温度和湿度。

① 机房内机器设备工作的最佳条件为：温度 16～32℃，绝对湿度 6～18gH_2O/m^3，相对湿度 20％～70％。

② 机房内机器设备工作的极限条件为：温度 0～45℃，绝对湿度 2～25gH_2O/m^3，相对湿度 20％～80％。

③ 机房内要有独立的空调机，空调机要选用中小容量的，送风量和制冷量之比为 1∶2 或 1∶3 左右。为保证机房的清洁度，一般配备有粗效或中效过滤器。

2）机房内防尘要求为：每年积尘小于 10g/m^2。

3）机房内防震要求为：振动频率 5～60Hz，振幅小于 0.035mm，在地震活动区要有用于机柜的固定装置。

4）机房内照明采光要求。

① 采光要求是垂直和水平各为 150lx。

② 要避免阳光直射，以防止长期照射引起印刷板等元器件老化变形。

③ 在任何情况下，机房都要防水、防潮，以免设备受损。

（3）机房内电源要求

提供稳定的交流电源，机房内要敷设地线，机房接地排直接与所在建筑的总接地排连接，接地电阻不大于 1Ω。

2. 内通服务器的安装

GE800 内通服务器为“19”机架式结构，内部有许多插板。插卡的安装如图 4-22 所示。

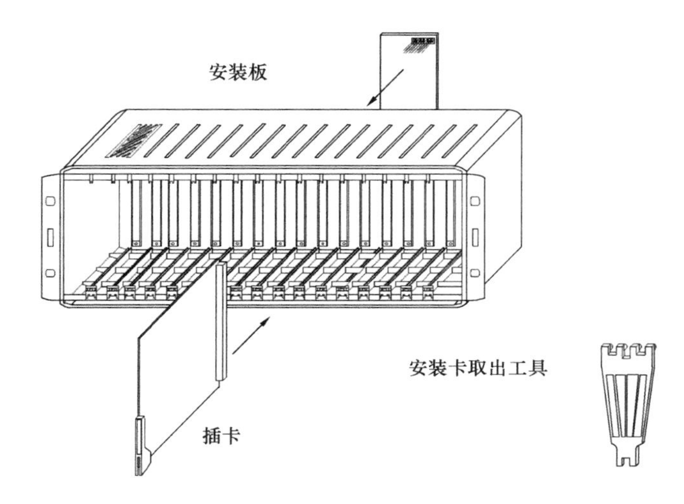

图 4-22 插卡安装示意图

每个插板都有标准的接线模块和专用的连接电缆，这些附件随设备一起提供。

3. 系统调试方案

（1）调试资料准备

1）整个系统详细的结构图。

2）用户终端号码分配表与权限设置。

3）工程招标文件和投标文件中关于技术方面的具体要求和规定。

4）工程过程中的洽商文件和变更文件对技术方面的具体要求和规定。

5）设备的详细说明书。

6）系统软件包。

7）软件安装和测试。软件安装完成以后，进行局域网的构建，测试各系统软件能否正常运行。

（2）通电前的测试检查

1）检查机房温度（18～23℃）、相对湿度（30%～75%）是否符合条件。

2）直流电压检查应在－43～45V之间。

3）硬件检查：设备标志齐全正确，板卡的数量、规格、安装位置与厂方提供的文件是否相符，设备的各种选择形状应置于指定位置上；设备、机架，配线架接地良好；设备的各种熔丝规格符合要求。设备内部的电源布线无接地现象。

（3）电源系统的检验

测量主电源电压是否正常。

（4）硬件测试

硬件设备逐级加上电源，各种外围终端设备自测，检查各种告警装置和时钟系统精度，装入测试程序对设备测试，确认硬件系统无故障。

（5）系统调试

1）系统用户终端功能设置。

2）系统的内通功能测试。

3）系统维护管理功能测试。

4）系统的接口调试。

调试方法：

① 系统初始化。将整个程序（系统软件、局数据和用户数据）从磁盘或磁带装入到主存储器。系统初始化有三个初始化级，按照优先顺序分为初始化再启动、硬件再启动和软件再启动。第一次向系统加电或断电后再重新加电，称为初始化再启动，它由保护系统控制完成，自动装载。检测到某些故障时，由自导软件控制初始化启动。硬件再启动除程序不重新从磁盘装入到主存储器外，其余与初始化再启动相同。软件再启动是程序的一种容错技术，包括系统自动/人工再装入的测试及系统自动/人工再启动的测试。

② 系统的交换功能。该功能包括对每个分机用户做本局呼叫测试，对每条中继线做出局呼叫测试和入局呼叫测试，结合各种呼叫对计费功能测试，对

非语音业务进行接续测试及对新业务性能进行测试。

③ 系统维护管理功能。该功能包括对人-机命令核实，对告警系统测试，进行话务观察和统计，对用户数据及局数据进行管理，制造人为故障进行故障诊断，进行冗余设备的人工/自动倒换及进行例行测试等。

④ 系统的信号方式。验证用户信号方式、局间信号方式和网同步功能，对有组网功能的交换机要验证转发存储号码的能力及迂回功能等。

4. 内通服务器的维护

内通服务器的维护大致分为两种：预防性维护和纠正性维护。预防性维护是通过监视、测量和抽查等手段，收集各种所需要的数据，并对这些数据进行分析，进而提出排除故障隐患的具体办法及措施；纠正性维护是在设备出现故障后，采取必要的措施。平时设备的维护以预防性维护为主，防患于未然。这就要求维护人员在日常维护过程中，要善于发现设备潜在的故障，找出可能诱发故障的因素，消除设备的隐患。在设备出现故障以后，要及时找出这些故障的根源。因此，维护人员要认真做好各种告警、故障记录，收集全部有关数据，仔细分析观察，积累总结经验。

在日常维护工作中，用户部分故障是最常见的故障，一般可分为外线故障和内通服务器相关功能部件故障，常见的外线故障有断线、短路、接地、话站故障等，可通过在配线架甩开外线的方法确定故障部位。GE800 有很强的诊断检测功能，能够对系统部件故障及时报警。

4.7.2.4 时钟系统施工工艺

1. 子钟主要类型与安装形式

（1）MCS 子钟主要类型

投标 MCS 系统的子钟主要形式为数字式和指针式两种，种类有：

1）双面吊挂式数字式子钟，规格为 670mm×200mm×160mm，由 5 英寸（1 英寸≈254 厘米）七段白色宽管数码管组合，时分显示，秒点闪烁。

2）单面壁挂式数字式子钟，规格为 670mm×200mm×60mm，由 5 英寸七段白色数码管组合，时分显示，秒点闪烁。

3）嵌入式单面子钟（与航班信息显示屏共同嵌入在航班信息显示机架上）规格为420mm×150mm，由4英寸七段白色宽管数码管组合，时分显示，秒点闪烁。

4）单面指针式子钟，规格为ϕ380mm或ϕ600mm，时、分、秒显示。

5）世界时钟，规格为3700mm×1800mm，12个城市组成，暂定由5英寸七段白色数码管组合，黑底白字，时分显示，秒点闪烁。

6）单面日历壁挂式数字式子钟，规格为1100mm×450mm×60mm，由5英寸和3英寸七段白色宽管数码管组合。年、月、日、星期、时、分显示。

（2）MCS子钟主要安装形式

1）吊挂式：双面子钟采用吊挂式安装方式；

2）壁挂式：单面数字式子钟和单面指针式子钟采用壁挂式安装方式；

3）嵌入式：安装航班信息墙上子钟采用镶嵌式安装方式；

4）世界时钟总体采用壁挂式安装，12城市时间显示采用嵌入式。

2. 设备安装

（1）设备机柜布置要求

中心母钟/二级母钟机柜中内部器件均为模块式，无需连线；与外部设备之间的连线均采用下部走线方式，在防静电地板下走线槽内。温度0～+40℃，相对湿度0～75%，防尘、防震。采用19英寸标准高2m机柜。

（2）子钟的安装方式与要求

1）吊装式子钟安装，在其安装位置的顶棚内钢架上预置10号角钢，角钢上应有相应的ϕ43安装孔。

2）壁挂式子钟安装，在其安装位置后的墙面上可钉入钢钉，以便固定子钟后挂板。

3）所有子钟安装位置应远离自动喷淋系统的喷头，且安装高度为下沿距地面不小于2.2m。

4）线缆要求：系统中设备的信号线均采用0.5mm^{2}双绞软线，电源线均采用3×2.5mm^{2}的电力电缆。

（3）时钟系统设备安装注意事项

1）时钟系统所有设备属精密仪器，在安装施工时必须轻拿轻放，不得碰撞、划伤，不得随意打开机壳，以免影响使用性能和外观质量。

2）所有需要接通 220V 50Hz 交流电的设备必须在正确的安装和接线之后通电，不得带电作业。

3）所有设备应远离热源。

4）不得用腐蚀性物质擦拭设备。

5）所有需要固定的设备应安装牢固，台式设备应摆放平稳。

（4）时钟系统的布线要求

1）从卫星天线到中心母钟所用线缆为标准 30m 馈线，如果实际超过此值，需要加装馈线延长设备。

2）综合布线到中心母钟机房后配置不少于 200 线的配线架，从配线架到安装位置设置地下电缆槽道，再到安装位置的电缆余量不少于 2m。

3）综合布线到二级母钟机房后配置不少于 40 线的配线架，从配线架到二级母钟安装位置设置地下电缆槽道，再到安装位置的电缆余量不少于 2m。

4）综合布线到吊装式数显子钟安装位置的余量不少于 2m，到壁挂式子钟安装位置的余量不少于 0.5m。

5）时钟系统所有设备（天线和子钟除外）均需在其位置上提供 AC220V、50Hz 电源，且应有开关控制。

时钟系统所有走线均要求穿走线管。

4.8 行李分拣机安装技术

4.8.1 概述

典型的分拣机布局示意如图 4-23、图 4-24 所示。

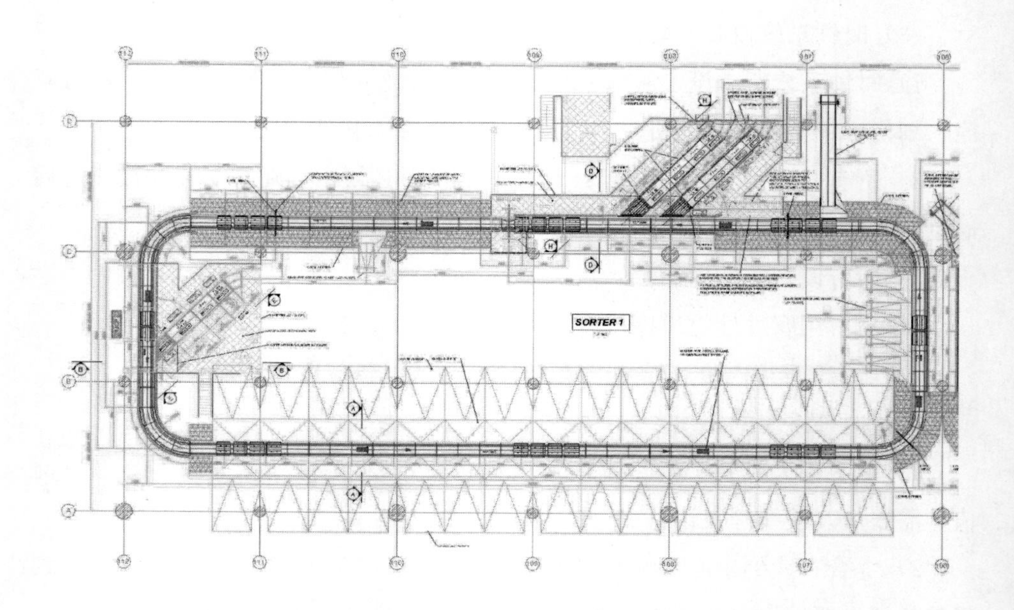

图 4-23　典型的分拣机布局示意（一）

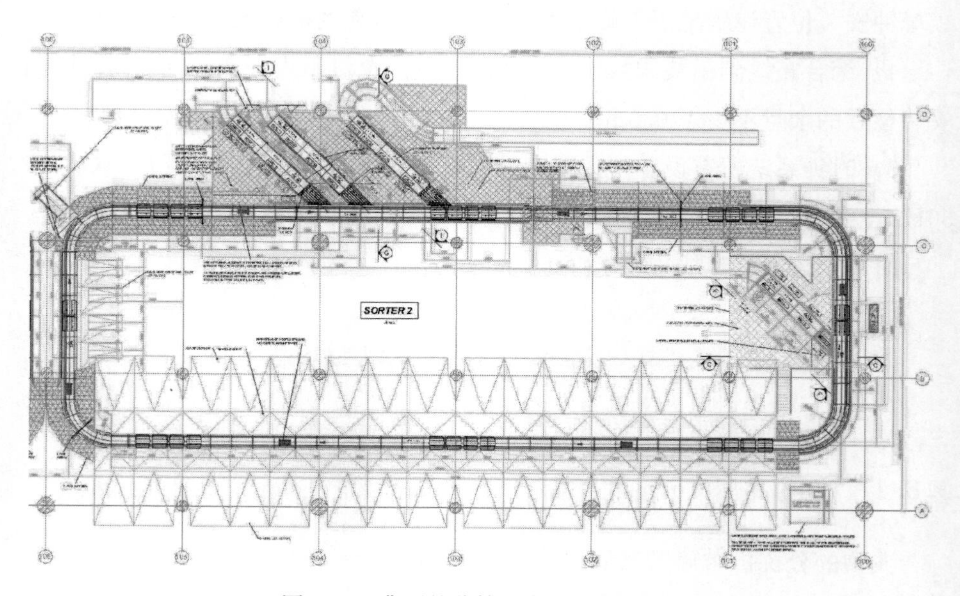

图 4-24　典型的分拣机布局示意（二）

4.8.2 施工要点

4.8.2.1 安全措施

（1）遵守施工当地适用的规章、制度。

（2）指明设备的停止方式。

（3）在进行系统安装作业时，始终穿安全服和使用安全设备，不要散发，不能佩戴首饰等。

（4）操作人员要随时注意周围是否有其他人。

（5）在上电前，必须安装上护板。

（6）安装部件时，要保证采用适当的方式将其提升并托住。

（7）启动设备前，保证所有工具和设备清晰可见。

（8）保证设备安装现场及其周围区域无垃圾，无残渣。

（9）输送机或分拣机运行时，不可以对设备进行调整（根据安装维护信息对皮带跑偏进行调整除外）。

（10）在清除输送机上阻塞物品前，要关闭并隔离该台设备。清除分拣机上阻塞物品前，也要关闭并隔离该台设备。

（11）保证设备断电，其被隔离，才可以调整设备护板。

（12）若发现输送机或者设备安装不正确或者不安全时，要将设备（输送机，分拣机或相关设备）停止。

（13）启动急停后，只有调查并排除其停止原因后，才可以重新启动导入线或者分拣系统。

（14）急停装置通常装在方便操作的地方，该装置只有在紧急状态下才能启用。

（15）在设备重新启动前，使用人员和督察员必须了解其使用方法，并采取相应的措施。

（16）只有在确保周围没有无关人员，并且了解设备将启动的情况下，才可以启动导入线或者分拣机。

（17）切记停止的输送机或者分拣机随时可能会自动启动，不可攀爬输送机或分拣机。

（18）不可攀爬或者登上分拣机周围的设备来对分拣机和导入线进行操作，切记随时使用合适的设备，并对将要进行的操作进行风险分析。

（19）不能坐在或者碰触运行的设备、输送机皮带或者辊子。

4.8.2.2 安装工艺

1. 需要的工具和设备

（1）手动工具、电动工具和设备

进行设备安装至少需要以下的工具：

扳手组合、1/2英尺套筒扳手、3/8英尺套筒扳手、内六方扳手、螺丝刀、钳子、大力钳、钳夹、木锯、气泡水平仪、卷尺、经纬仪、电钻、钻头、电焊机（用于焊接轨道连接处）、抛光机（用于擦亮轨道连接处，注：轨道连接处不用磨平）。

（2）设备

所需设备通常针对所用于的特定项目，一般包括：叉车、液压车、堆垛机（剪叉式升降机SL10）、进场设备、安全服和安全绳。

2. 安装前检查

机械安装：

（1）采用适当的设备，参见逻根布局图，精确地划出分拣机轨道和导入段的中心线。

（2）精确根据逻根图纸安装支脚、吊杆和斜撑。若任何地方对设备安装有干扰的话，咨询逻根项目经理。认真记录所有支脚和吊杆位置的更改。

（3）根据逻根提供的布局图和清单正确地按照其顺序进行分拣机，导入段和其他设备的机械安装。

（4）所有分拣机轨道和导入段调平，调好高度（误差不超过2.5mm）。利用合适的工具校准调平。

（5）用合适的螺钉，垫圈把分拣机轨道连接，导入线螺钉连接方向一致。

（6）根据逻根工程师的要求并且正确地用螺钉把分拣机轨道橡皮垫，导入输送机橡皮垫和其他设备固定到地板，夹层地板和支撑钢平台结构上。

（7）确保所有紧固件都上紧，正确地安装上平垫圈和弹垫圈。

（8）现场打孔地方（粗边）要去毛刺。

（9）把分拣机导轨和输送机侧墙沟槽部分打钻和清除碎屑。

（10）确保所有支脚和吊架都根据逻根图纸的要求有防震装置。

（11）严格按照布局图，清单和设备部件安装指南安装所有护板、下护板、碎屑盘和周围设备。

（12）按照合同文件进行轨道内母线和射频信号接收天线的机械安装工作。

（13）机械安装人员负责正确安装电气设备的安装板，电气人员负责安装现场电气设备。

3. 前期检查和后期工作

启动输送机前，机械安装承包商要保证：

（1）分拣机和输送机清洁干净，无碎屑，无任何干涉。

（2）若电气桥架盖子或者任何类似的设置被移除，机械工程师要盖上新的。

（3）检查导入线输送机减速机油量是否合适，确保进气口出气口安装正确。

（4）所有护板安装正确。

（5）若漆被刮掉，补漆。

所有输送机按照清单正确完成标记。

4. 安装顺序

（1）安装轨道和支脚，边安装边对准调平。

（2）仔细处理轨道接缝，使其平稳光滑，若接缝处有缝隙，小心焊接并打磨光滑。

（3）由电气承包商在轨道内部放入电缆，装上所有外部面板，例如电机操作盒、直线电机面板或所有相关面板。

（4）安装导入段侧墙。

（5）安装导入输送机。

（6）安装母排。

（7）安装射频信号接收天线。

（8）安装追踪装置。

（9）安装导入前感应器阵列。

（10）安装托盘链节支撑杆。

（11）安装托盘链节组件。

（12）调整轨道长度。

（13）把托盘架链节打开，仔细焊接连接处。

（14）当链条连接处焊接完成后，重新连接托盘架链节。

（15）安装倾翻装置。

（16）安装护罩部分。

（17）安装托盘。

（18）安装防护网。

（19）安装标准段侧墙。

（20）安装下护板。

（21）安装目标滑槽。

（22）安装测试设备。

5. 安装分拣机轨道和支脚

分拣机轨道可以安装在夹层地板上，也可以安装在支撑钢平台上。支脚和橡胶垫用于定位并为轨道提供支撑。完工的轨道相比图纸的误差为 5mm 以内。

轨道通常由 3m 长的机架组成，轨道由标准 3m 机架、装运部分和弯道部分组成。分拣机图纸标识出了所有的机架（长度和类型）及其位置。轨道部分以整机方式交付，同时已经在（运行方向）左边的托板上安装上母排。根据设计的不同，支脚一般安装在 3m 机架中央或者通过钢平台夹紧件安装到分拣机支撑钢平台上。

轨道从基准点开始安装，然后根据钢平台的安装进度和建筑布局安装。

可以从轨道任何一侧开始安装。

把轨道支脚和轨道安装到夹层地板和分拣机支撑钢结构上，小心地举起并将每段轨道组件移动到其合适位置，将其固定到前一段轨道组件上。边安装轨道边将其校准调平。

在对轨道组件移动和操作时，要特别小心，以防止轨道损坏或使其变形。

当轨道安装完成，调平，检查轨道接合处后，对不平整的部分适当地进行焊接磨平。其目的是保证托盘架轮子在轨道上运行顺畅。必须要有逻根分拣机技术人员监督进行此项操作。利用合适的测量工具检查运行轨道表面，测量工具要能够覆盖轨道法兰部分水平和垂直部分 30mm。若有任何不平或者缝隙，要将其焊合并利用适当的工具磨平。注意进行此操作时不能用磨光片。

6. 直线导入电机的安装

参见分拣机布局图，了解直线导入电机的安装位置和直线导入电机的类型。注意要留有适当的空间来进行直线导入电机的安装和维护操作，同时要保证夹层地板和钢平台不会妨碍直线导入电机的连接。

分拣机调试工程师最后将进行直线导入电机的设置和预调试操作。

7. 导入段侧墙的安装

导入段侧墙由折弯板制成，有高低段侧墙。低的侧墙首先安装到高出的轨道部分的法兰部分和侧墙立柱，然后进一步连接到轨道法兰部分。保证侧墙立柱垂直。高的侧墙再沿着其长度方向安装到低侧墙和立柱上。

8. 导入输送机的安装

在安装导入输送段前，要把侧墙移除并小心保存。这样的话，才可以进行上螺钉和可移动支脚的安装操作，同时电气工程师和控制系统人员也可以进入安装桥架和其他设备。

根据安装要求的不同，有两种导入线。动力导入线适用于高行李处理率要求，启停导入线适用于低行李处理率，其经常和人工编码站同时使用。动力导入线的设置中，有 4 台输送机和若干注入输送机。启停导入线的设置中，有 3 台输送机和若干注入输送机。导入线输送机单独包装发到现场。

皮带输送机首先对准侧墙切开位置开始安装，一直连接到分拣机托盘（调整其距离为 110mm）。其他的皮带输送机按顺序从下游到上游顺序安装，各段由 6 个连接件连接到前段。导入线边安装，边调平，对准设备中心线。皮带输送机由可调节支脚（带橡胶垫）支撑。

9. 现场接线

现场布线工作要由指定的电气承包商根据施工顺序开展工作，电缆安装在分拣机轨道下部电缆槽部分。必须保障有足够的空间使得电气承包商可以进出操作，同时现场布线工作应在未安装母排、接收信号电缆和托盘架链节前进行。

主要动力电缆安装在分拣机轨道的一侧，24V 的控制电缆安装在分拣机轨道的另外一侧。

10. 母排安装与连接

母排是按照合同定制，运送到现场的母排已按照要求剪接成适当的长度（最长 4m）然后卷起来。供应商提供的轨道装配图标出了各部分的位置及其连接器类型及位置。母排连接器连接到分拣机轨道的安装板上。分拣机轨道在工厂已经打好安装板需要的孔。一些安装板可能在现场需要重新加工使其符合安装图的要求。任何时候都要以图纸为主。母排间的连接口要由分拣机技术人员检查。

在按照图纸进行安装前，需要仔细熟悉部件、连接类型，同时确定行李流向。

母排要笔直且平行于分拣机轨道。通常从靠近直线部分（带有扩展连接器）的第一个转弯部分开始安装，特别要注意辨认哪个是第一个转弯部分，特别是当母排出现突起以保证收集带安装到正确的地方。布局图上有局部放大的图（带有行李方向）显示出母排的安装位置。

方法：临时把转弯段的母排通过两个固定连接器支撑，其目的是方便后续的安装步骤。这样做的好处是在这块母排固定的基础上，后面的部分更容易敲入插销固定。

注意，正确安装步骤是当2根固定连接器方便首次安装的作用发挥完后，根据布局图在适当的位置以适当的连接器代替。

固定连接器要根据轨道图来定位。固定连接器应该能根据需要改变位置。

从固定连接器开始位置把滑动连接器固定到安装板，在固定好后，就可以手动进行母排安装。

滑动连接器距离连接件/盖帽/连接夹150mm，因此母排能够自由伸缩。保证滑动连接器安装得垂直于轨道，同时要保证母排能够自由滑动。

注意，若采用与指定方法不同的连接方法会带来危险，可能会影响母排的性能表现，同时严重地影响分拣机的运行。

有两种主要的接头用于连接母排，其都带有特殊的符号（已在布局图上标出）。插销连接，带有短线段垂直对齐母排连接线，螺栓连接接头，带有“T”符号对齐母排连接线。

把插销插入母排的导体部分，并通过橡皮锤或其他软质锤将其错落地轻轻敲入。

交错式设计可以有效地减少把插头插入下一段导体时需要的力量。将插头小心划入下一段，通过连接器插入导体。当对齐后用木块和橡皮锤将其固定到母排后端。后端有切开的部分，操作员可以检查连接是否到位。以上操作最好由两人操作，一个人确认插头安装正确，另一个人把母排轻敲固定。

导体连接处的表面要涂有一层很薄的金刚砂，保证其表面平整。可以人工拉动虚拟测试带检测连接处表面是否平整。

在磨平接口表面后，要在每个导体连接处进行连续性测试保证其电气连续性，确定插头已完好插入导体内。

一旦测试完成确认满意后，将其盖板罩上。

把罩板下部分装上，将其推入母排中的细网时，卡住固定。

连接件有两种，一种是螺栓连接（利用2颗螺钉），另一种是敲入（不用螺钉）。

螺栓连接采用的是卡式的连接板，而不用把插销插入导体中。

在连接处，把连接板小心地完全放入导体的一端，然后把另一个母排部分（从两个滑动连接器伸出的）紧紧地贴在同一部分。把连接板滑动到连接的铜导体处并用螺钉固定。从上面导体开始进行作业，所有的螺钉顶部要面向方便未来进行操作的地方。

一旦连接板就位，将其表面进行涂装，进行连续性测试，再将罩板盖上（以上所示方法一致）。

使用虚拟测试带沿着轨道拖动检查表面平整性，如果合格的话，技术人员才签字。

11. 射频信号接收天线的安装

信号接收天线是同轴电缆，其沿着分拣机轨道连接，可以用于通过无线信号和分拣机倾翻装置通信。天线电缆大概直径 17mm，发货的时候以一个线缆圈送达。

处理电缆并将其从线缆盘上取下来时要特别小心，推荐使用适当的线缆盘千斤顶。

线圈小心地滚开，沿着轨道放入绑线夹处（绑线夹已经预先安装在各个轨道大概 600mm 中心处）。在进行调试前，由逻根分拣机技术人员来接线。

12. 导入前感应器阵列的安装

导入段前感应器阵列由 1 个横梁、支撑框架组成，其上可以安装光电开关。分拣机上至少有 1 个感应器阵列。导入前感应器阵列的数量和位置清楚地在图纸上标出。阵列以部分安装好的方式发货（此时光电管已经安装好）。横梁安装在轨道下面，并通过预先打好的洞连接到轨道下法兰部分。

框架由 3 个带孔铝制突起部分组成，上面可以用来装光电管。这 3 个带孔铝制突起连接起来然后安装到横梁的安装板上。每圈轨道有 2 个反射板，他们通过预先打好的洞连接到框架下的轨道上法兰部分。

13. 追踪装置的安装

每个分拣机轨道有2个追踪部分，通常他们位于导入线旁边，这样进行维护时进出才方便。根据轨道节距及其位置，追踪装置要精确地就位（每个间隔900mm或者1200mm）。轨道的具体位置由逻根控制工程师现场勘查后确定。

14. 托盘链节组件的安装

在安装托盘链节前，要用干的抹布彻底地清洁所有的轨道表面。

通过预先打好的孔把立柱安装到链节后部。

托盘链节要安装在适当的地方，进出要方便（最好双向进出都方便）。通常安装在夹层靠近导入段部分。此时要暂时把上护板取掉，才可以放入链节部分。

注意链节要保证放入方向正确，并按照正确顺序放入。一些链节预先已经安装有母排连接夹，通过母排连接夹为48个链节供电。链节的具体安装位置在安装前必须取得逻根控制工程师的同意。

小心地把第一个链节放入轨道，将其后端在轨道内平稳支撑，然后加入第二个链节并将其后端支撑。将第二个链节和第一个链节通过M10连接件安装（连接件将通过前一个链节的后部连接夹和新链节的关节轴承）。

链节件要通过两个M10的平垫圈固定，其中一个放在螺栓头部和后部连接夹顶部之间，另一个螺栓放在螺母和后部连接夹下部之间。把链节在轨道内往前推，使其留有足够的空间可以放入下一个链节。

重复操作，直到所有的链节都被装好，第一个和最后一个链节完好封闭。

无论什么时候都不能损坏嵌入的蓝色读码条。注意塑料透明保护膜要撕掉。

此时可以进行张紧链节和调整轨道长度的操作。

15. 轨道长度的调整

通常轨道有2个张紧段，其位于相邻的支腿上，这样的布置方式是为了减少轨道调整需要的范围。通常其位于180°转弯部分的前面或者后面。张紧段的调整要保证在轨道对齐的前提下，可以正确实行张紧操作。可以通过加入或者拿出插销调整轨道。需要调整插销的数量由在场的工程师确定。

轨道两侧的张紧程度是均等的。通过调整两侧轨道法兰部分的举顶螺钉调整轨道（调整两块轨道段叠合的距离）。

每个张紧轨道有两个 120mm 的内部填充部分可以用于保证其长度，将其焊接到轨道内部。

为了进行焊接，要将托盘链节分开，可能需要完全移除其中一个托盘链节，因此在进行焊接和表面清除的过程中，不会对分拣机造成损坏。

移除链节，也可以使得进出分拣机轨道更加方便。

张紧轨道盖板长度提供以余量，当轨道调整完成后，现场可以将多余长度切去。

16. 托盘架倾翻装置的安装

托盘架倾翻装置的安装位置通常和托盘链节安装位置相同。

有 3 种托盘架倾翻装置（主、从、分布式），它们数量不同，要根据正确顺序安装。通常安装顺序预先已经确定，逻根技术人员会将其列出。

倾翻装置安装在托盘链节的上表面。把倾翻装置安装到链节上前，要首先取掉两个 M10 内六角头螺钉。

当把倾翻装置放入链节时，其会自动对正，将倾翻装置前部的塞子推入链节连接臂上打好的孔内。

倾翻装置的连接角钢（内带有塞子）将其重新装入，可以有效地将倾翻装置固定于链节部分。用橡皮锤将连接角钢和倾翻部分轻轻敲就位。

然后通过三角形把手和星形垫圈将接地条固定到链条上。

接地条位于三角形把手和星形垫圈中间。

17. 护罩组件的安装

分拣机罩板由聚乙烯制作，由主体和两个尾段盖板组成。它们通过 1/4 连接件将其固定。

建议首先轻轻地拧开松紧，然后从倾翻装置上将其后部枢轴取掉。

把护板的少部分盖在倾翻装置前部倾翻臂上（和分拣机运行方向相同）。

进行此操作时可以利用护板上的上掀式标签，它的好处是在进行安装操作时，可以调整元件彼此的间距。

罩板位于倾翻装置部分，通过两个 1/4 紧固件，使用螺丝刀将其固定。

通过 3 个 1/4 紧固件将尾部护板安装。

链节罩板以重叠的方式盖在链节上，链节的前短端卡在罩板的长后端部分。

18. 托盘组件的安装

托盘用内六方扳手通过 4 个 1/4 紧固件将其安装在倾翻装置操作部分。若其有托盘襟翼，两个襟翼中较大那个要放在前端（相对于运行方向）。若没有托盘襟翼的话，两个托盘合并为一个托盘，下面用同一个安装板，位于前部（相对于运行方向）。

19. 检测设备的安装

每个分拣机有一个测试设备，其中包括测试笼、测试设备和测试板。他们的安装位置要经客户同意，并在图纸上标出其位置。通常他们位于分拣机旁边，也可能离分拣机位置较远，如在特定的维护区域。

测试笼制作，组装并连接。测试笼要调平保证门销可以锁上，而且门可以自由打开关闭。通过地脚螺栓将测试笼固定到地面或者夹层表面上。

测试设备位于测试笼内，其下部靠近门的位置。调整垫片，通过地脚螺栓将测试设备固定到地面或者夹层表面上。

地面上的测试板安装在测试笼的外部，和门成直角，这样安装的话视线比较清晰。通过地脚螺栓将测试设备安装到地板或者夹层表面上。

20. 侧墙的安装

轨道侧墙的标准侧墙安装方式和导入段侧墙安装方式相同。

21. 下护板的安装

几乎所有的轨道部分（除了在夹层的部分区域，分拣机位置太低无法安装下护板外）都要安装下护板。通常来说现场布线和预调试完成后进行下护板安装工作，但是视现场情况和安装进度计划其安装时间可能提前。

标准下护板是1470mm，每一段3m的标准轨道需要两块下护板。下护板通过4个防护夹子固定（夹子随下护板同时发货）。夹子的前端轻轻地通过轨道内部法兰部分的孔松松地用固定板固定。下护板的中部和后部再通过夹子的后部分固定。每个夹子用R197001扳手通过下护板两端的洞固定（其和下护板同时发货）。

注意夹子不能贴着下护板，通常其离下护板两端有150mm。这样通过滑动下护板就能很容易地将其取下。

弯道部分的下护板在现场可以即时安装，其安装方式和直线部分下护板安装方式相同。

一些特殊的轨道部分，要对下部进行切割处理。可以使用特殊设置的安全裁纸刀轻松地将其切割。一些特殊分拣机轨道特别短，这些部分都会在布局图上清楚标出。

22. 防护网的安装

防护网的安装有很多种方法，虽然其位置已经在图纸上标出，但是因为现场条件不同，通常要根据现场情况再具体确定滑槽和柱子等的安装面。防护网通常安装在轨道法兰臂上或者会搭在分拣机轨道上，防护网可能挂于两边的电缆上。

23. 滑槽的安装

虽然为了接口控制的需要，对滑槽安装的方法有规定，但是根据各个项目的情况，其设计和数量都会有不同。

4.9 航站楼工程不停航施工技术

4.9.1 概述

现代机场航站楼建设，很多情况都是扩建，需要在原有建筑物范围内进行施工，为保证飞机航班的正常起降，施工时必须采用不停航施工技术。

4.9.2　施工要点

（1）成立不停航施工领导小组，由生产副经理任组长具体负责。

（2）工程施工前，提交如下资料报机场管理机构审批：

1）工程开工报告一份。

2）施工总平面图及施工组织设计方案，包括施工区域围界，标志线、标志灯布置，堆料场位置，大型机具停放位置，施工车辆通行路线，施工人员进出施工现场道口等。

3）施工管理实施方案一份。

4）安全保证责任书一份。

5）全部进场人员名单。

（3）与业主相关机构联系，同相关负责人进行沟通，认真学习机场管理机构制定的不停航施工管理实施细则。

（4）根据相关规定及现场实际情况单独编制详尽的不停航施工保证措施，报请机场管理机构批准。在施工过程中由专人对不停航措施的落实情况、适应性、有效性进行监测、评估，并及时修正提高。制定相应的处罚制度，保证措施有效落实。

（5）施工现场实行全封闭管理，与原航站区设整洁美观的隔墙进行完全隔离。

（6）施工期间，未经机场公安消防管理部门检查批准，不得使用明火，不得使用电、气进行焊接和切割作业。

（7）组织所有施工人员认真学习相关规定及批准的不停航保证措施，全面落实相关措施。人员全部统一标识，从规定的进出口出入。

（8）进入飞行区从事施工作业的人员、机具和车辆，必须事先取得塔台管制人员的同意。航空器起飞或者着陆前 1h，施工单位应当清理恢复现场，将施工人员、机具、车辆撤离施工现场，由有关部门检查合格后通知塔台。

（9）外来人员及车辆必须凭身份证办理登记、入场手续，在门卫处学习相关规定后方可进场。

（10）所有进场机械设备必须办理验收手续，达标后方可进场。

（11）施工现场配备无线通信设施，保证与机场现场指挥机构建立可靠的通信联系，施工期间设专人值守。

（12）高强噪声设备、施工操作项目应尽量安排在远离原航站区的区域，并采取相应的降噪措施。

（13）机场有飞行任务期间，禁止在跑道中心线两侧 60m 以内的区域进行任何施工作业。

（14）在施工区域开挖的明沟和施工材料堆放处，必须用橘黄色小旗标志以示警告。在低能见度天气和夜间，应当加设红色恒定灯光。材料和临时堆放的施工垃圾必须采取措施防止被风或飞机尾流吹散。

（15）工程施工期间，施工现场使用的标志必须规范，并符合机场中的有关管理规定。

（16）因机场无飞行任务的夜间时间较长，另外每周均有几天无飞行任务或者一天中仅有一两个航班的情况，针对以上几点，为保证工程的顺利进行，尽量避免施工时与机场飞行任务相冲突的现象，可将工程施工时间选在夜间及无飞行任务的时间进行施工。

（17）制定严格的影响机场消防、应急救援措施，影响飞机停放、滑行情况和临时采取的措施，对施工中的漂浮物、灰尘的控制措施，对施工中的噪声及其他污染的控制措施。

（18）易燃易爆品必须存放在离原航站区的安全区域外，并有相应的紧急处理措施。

（19）加强文明施工管理，工完场清，尽可能减少环境污染，使其符合国家施工环境标准。

（20）施工现场采取防扬尘措施；对易散、易飘浮物品进行重点管理，防止被风吹扬。

（21）在与原航站区隔离墙上及塔式起重机等较高设备上间隔设置足够数

量的橘黄色小灯和红色小灯以示警告，夜间应保证不间断。

（22）探照灯等强光灯具严禁朝向飞机起落区，电焊机等产生强光的设备在夜间施工应采取措施防止强光投向飞机起落区。

（23）加强安全消防工作，防止发生火灾。

（24）加强治安保卫工作，防止治安事件发生。

（25）加强与机场管理部门的沟通，根据需要及时采取有效措施保证航行环境符合要求。

5 工 程 案 例

5.1 广州白云国际机场

5.1.1 工程概况

广州白云国际机场航站楼面积 32 万 m^2，工程荣获 2005 年度全国十大建设成就奖和詹天佑奖。

广州新白云国际机场迁建工程为 2000 年国家、省、市重点工程建设项目。整个工程包括航站楼、南北高架桥、航站楼东西两翼连接楼及指廊等，总建筑面积 303700m^2。中建八局承建了其中的 27 万 m^2 及全部机电工程。主航站楼首层平面由两片 75m×288m 的圆弧带组成，每片圆弧内缘和外缘的半径分别为 945m 和 10201m，建筑面积为 108000m^2。屋盖系统采用曲面空间钢结构，屋面最高点达 40.23m。

航站楼东西两翼的连接楼、指廊工程建筑面积分别为 8700m^2 和 8500m^2。其连接楼为近 54m×450m 的圆弧形，四条指廊最长达 360m。结构类型为后张预应力混凝土框架及钢桁架屋盖系统，工期仅 148d（图 5-1）。

5.1.2 工程难点

（1）混凝土工程特点突出，该工程楼层结构面积大，单体承台体积大，板厚度薄（仅 120mm 厚），梁板混凝土间的温度、干缩裂缝以及楼层结构整体温度、干缩裂缝控制是工程重点；空心巨形柱平面尺寸 4500mm×2500mm，最高结构标高达 45m 为施工重点。

图 5-1 广州白云国际机场

(2) 项目为当时国内规模最大的变截面空心管结构工程，全部采用了相贯焊接的圆管及方管圆弧形钢折架结构，屋面采用组合箱形压型钢板，钢管桁架结构节点复杂。大跨度屋面箱形压型钢板、变截面三角形人字形柱在我国均是首次应用，使得钢结构设计需参照国外规范，甚至没有规范和经验可供参考。

(3) 钢结构跨度大 100m+150m+100m，进深 100m。

5.1.3 关键技术

该项目应用了航站楼钢屋盖滑移施工技术；机场航站楼超大承台施工技术；后浇带与膨胀剂综合施工技术；超长、大跨、大面积连续预应力梁板施工技术；厚钢板异形件下料技术；航班信息显示系统（含闭路电视系统、时钟系统）施工技术；公共广播、内通及时钟系统施工技术等。

5.2 成都双流国际机场

5.2.1 工程概况

成都双流国际机场T2航站楼大厅平面轴线尺寸496m×112m（局部宽度206m），地下二层，地上四层，屋面顶标高36m。32榀空间斜放拱上端支撑于大厅屋面，下端支撑于地面，每两个拱及其连接的网架杆件形成一个竹叶形的拱壳，总共形成16片“飘扬的竹叶”。钢结构斜放拱的拱脚间距32m，拱高38m，斜拱最高点间距8m。T2航站楼长度方向接近500m，宽度方向最大尺寸超过200m。结构为超长大跨度混合结构（图5-2）。

图5-2　成都双流机场

5.2.2 工程难点

（1）超长混凝土结构无缝设计施工的混凝土裂缝控制技术难度大；

（2）A 轴大承台屋面钢结构大拱预埋件施工技术难度大；

（3）复杂钢结构的深化设计、制作和安装技术难度大；

（4）超大跨度屋面钢结构大拱施工技术难度大；

（5）大面积空间流线型金属屋面防拉裂、防渗漏、防锈蚀技术难度大；

（6）高视角、大跨度、大体量玻璃幕墙施工技术难度大。

5.2.3 关键技术

该项目应用了后浇带与膨胀剂综合技术；超长、大跨、大面积连续预应力梁板施工技术；BIM 机场航站楼施工技术；航班信息显示系统（含闭路电视系统、时钟系统）施工技术；公共广播、内通及时钟系统施工技术等。

5.3 深圳宝安国际机场

5.3.1 工程概况

深圳宝安国际机场于 1991 年 10 月 12 日建成正式通航，按照中华人民共和国一级民用机场标准规划设计，实行分期建设，一期建设投资 9.8 亿元人民币，二期建设投资 9 亿元。有停机坪总面积 84.5 万 m^2，停机位 84 个，候机楼总面积 14.6 万 m^2，有面积为 19 万 m^2 的航空物流园区。其中有国际国内货站、保税仓库、分拨仓库等设施，航空货运年处理能力达 118 万 t。

T3 航站楼主楼建筑面积 29.2 万 m^2，建筑高度 46.8m，由地上四层（局部五层），地下两层构成（图 5-3）。

5.3.2 工程难点

（1）该工程屋面系统主要由大面空间异形曲面蜂巢、主指廊空间异形曲面

图 5-3 深圳宝安国际机场

凹陷区和主次指廊过渡区三大部分组成，其造型和构造的技术复杂性被行业专家称为世界难题。

（2）下部主体混凝土柱网跨度大，分布不均匀；而支撑屋顶大跨度钢结构的柱网间距则更大，分布更离散。这就造成了工程中单柱荷重大、荷载分布不平衡的问题。

（3）工程地处海边，直接面临每年多次台风暴雨侵袭，因此屋面防水是工程设计和施工的重点和难点。

5.3.3 关键技术

该项目应用了钢框幕墙安装技术；后浇带和膨胀剂综合施工技术；防水工程技术；航站楼工程不停航施工技术；航班信息显示系统（含闭路电视系统、时钟系统）施工技术；公共广播、内通及时钟系统施工技术等。

5.4 北京首都国际机场

5.4.1 工程概况

北京首都国际机场3号航站区扩建工程（GTC）为国家重点工程建设项目，同时也是2008年奥运会主要配套项目。3号航站区其主楼、候机区及交通中心三部分合计建筑面积约130万m^2，中建八局承建其中的交通中心工程。该交通中心毗邻新建的3号航站楼，形似超大椭圆，总建筑面积超过40万m^2，是国内单体体量最大、停车数量最多的交通设施工程。工程主体为框架结构，筏形基础，地下3层，地上2层，檐高25.5m，南北轴长353m，东西轴长555m。功能设计包括机场交通监控、轻轨站点与停车库等功能。其中，地下为停车场、综合管廊、消防层，地上一层为多功能服务中心，地上二层为交通中心。屋顶工程大量使用超长无粘结预应力混凝土结构。单层最大面积达16万m^2，施工横向运输困难，施工中大面积采用清水混凝土，施工难度大。

首都机场T3扩建工程，高峰时现场同时施工人员达到5万人，打桩基2万余根，浇筑混凝土180万m^3，用钢筋50万t，敷设电缆5000余千米，建成电梯步道4.8km，屋顶网架面积33.6万m^2，用钢1.9万t（图5-4）。

图5-4 北京首都国际机场

5.4.2 工程难点

(1) 基础桩数量多、地质复杂、工期紧;

(2) 冬期大体积及超长混凝土施工;

(3) 免装饰清水混凝土外观质量要求高、面积大;

(4) 钢结构工期紧,焊接要求高,造型复杂;

(5) 吊顶面积大、造型复杂;

(6) 机电系统复杂,管线排布难度大;

(7) 工程结构形体复杂,对测量工作的精准度要求很高。

5.4.3 关键技术

该项目应用了后浇带与膨胀剂综合技术;超长、大跨、大面积连续预应力梁板施工技术;行李处理系统施工技术;BIM 机场航站楼施工技术;航班信息显示系统(含闭路电视系统、时钟系统)施工技术;公共广播、内通及时钟系统施工技术等。

5.5 昆明长水国际机场

5.5.1 工程概况

昆明长水国际机场航站区工程由前中心区中央大厅、后中心区、中央指廊和东西指廊组成,总建筑面积 70 余万平方米,其中前中心区地下三层、地上三层,其他区地下一层、地上二至三层,地下层包括行李传送通道和预留通道,建筑面积约 42 万 m^2。工程于 2008 年 4 月 10 日开工,2011 年 7 月竣工。

昆明长水国际机场航站楼工程场地位于我国西南地区一条十分重要的强震带——小江地震带的中段西缘。中心区航站楼南北长约 850m,东西宽约

1130m，主楼地下 3 层、地上 3 层；主体结构采用钢筋混凝土框架结构，屋顶为钢结构；航站楼一期建筑面积约 423500m^2。中心区航站楼设计为隔震减震体系，隔震层设在地下 3 层的地下室，使用叠层橡胶隔震支座。隔震支座直径 1000mm，高 432mm，单个隔震支座重约 2000kg（图 5-5）。

图 5-5　昆明长水国际机场

5.5.2　工程难点

（1）公共空间体量巨大，大量结构、机电系统构件直接显露在空间内部。

（2）大构件远距离吊装、厚板焊接以及异形空间结构对测量的高要求。

（3）航站楼处于地震带，需要对昆明长水国际机场航站楼进行有效、科学的减震隔震施工。

5.5.3　关键技术

该项目应用了 BIM 机场航站楼施工技术；隔震垫安装技术；厚钢板异形件下料技术；航站楼工程不停航施工技术；航班信息显示系统（含闭路电视系统、时钟系统）施工技术；公共广播、内通及时钟系统施工技术。

5.6 西安咸阳国际机场

5.6.1 工程概况

西安咸阳国际机场航站楼扩建工程，建筑面积 79000m²，全长 420m，宽 93m，地上二层，地下一层，局部设有夹层，最高处 28m。主体为钢筋混凝土框架结构，屋面采用钢管桁架，镀铝锌钢板面层。外装饰采用明框全玻璃幕墙和铝板幕墙。该工程由中国建筑集团有限公司总承包，中建八局代表集团主承建。工程先后被评为陕西省文明工地、陕西省“长安杯”和国家建筑工程“鲁班奖”。

工程于 2000 年 8 月开工，2003 年 10 月交付使用（图 5-6）。

图 5-6 西安咸阳国际机场扩建工程

5.6.2 工程难点

（1）大跨度曲线形钢管屋架吊装；

（2）234m 超长无缝结构施工；

（3）大型玻璃幕墙安装等；

（4）施工基坑距离现有机场场坪露天停放的飞机非常近，现场施工作业管理要精细控制。

5.6.3 关键技术

该项目应用了超长地下室防裂抗渗预应力混凝土连续墙施工技术；镦粗直螺纹钢筋连接技术；超长、超大面积预应力张拉技术；新型建筑材料节能技术；变截面高大混凝土斜柱施工技术；航班信息显示系统（含闭路电视系统、时钟系统）施工技术；公共广播、内通及时钟系统施工技术等。

5.7 杭州萧山国际机场

5.7.1 工程概况

杭州萧山国际机场是民航局和浙江省“九五”重点建设工程，国内重要航线和国际定期航班机场。它距杭州市中心 27km，占地约 484km^2。分期建设，分近、中、远三期实施。航站楼总面积 8 万余平方米，一期工程总投资 27.7 亿元（图 5-7）。

图 5-7 杭州萧山国际机场

5.7.2 工程难点

（1）保证原 T1 航站楼正常运行：该工程与正常运行的 T1 航站楼进行衔接，保证机场的正常、安全运行是施工的前提。为了不干扰飞行区的正常运行，在施工场地与飞行区交界处的围挡上设置明显限位装置，严禁塔式起重机大臂进入飞行区。现场实行“准军事化”封闭管理，出入施工场地的车辆、人员须办理出入证件，并不得进入现有飞行区围界。

（2）降水、排水难度大：由于新建站坪提前施工，普遍比原状地坪抬高 500～700mm，破坏了原有排水线路。施工期间的现场处于自然地坪状态，存在强降雨情况下普遍积水问题。

（3）测量精度要求高：建筑平面复杂，控制网应合理布置，统一交界面上各段轴线的放线方法并明确消差方法。屋盖、屋面和吊顶为多曲面造型，空间定位难。该工程为实现无缝衔接，平面上要求轴线控制精确，高度上考虑后期荷载造成的沉降影响，预留沉降量。

（4）钢筋密集：钢筋直径大、数量多，钢筋间最小净距不足 70mm，钢筋层数可达到 12 层，梁、柱节点部位纵、横、竖向钢筋交叉重叠，每个柱头节点最多有 6 道梁，混凝土的浇筑和振捣控制为施工难点。

（5）钢结构桁架结构复杂：钢结构件和节点较多，单向桁架重达 43t，一般吊装设备无法满足其对起吊能力的要求。航站楼屋面为波浪形曲面，而屋盖四周及下部均有土建结构，不能采用“顶升”“滑移”等方法，现场组装量大。

5.7.3 关键技术

该项目应用了 GPS 定位测量技术；多曲面屋面深化设计与施工技术；复杂基础综合施工技术；结构无损拆除技术；移动式脚手架技术；大面积大板面石材铺贴技术和机电安装技术；航站楼工程不停航施工技术；航班信息显示系统（含闭路电视系统、时钟系统）施工技术；公共广播、内通及时钟系统施工技术等。

5.8 长沙黄花国际机场

5.8.1 工程概况

长沙黄花国际机场扩建工程新航站楼总建筑面积 16.3 万 m^2，其中地上 10.7 万 m^2，地下车库及设备商业用房 5.6 万 m^2，建成后的航站楼可满足旅客吞吐量 1525 万人次（图 5-8）。

图 5-8 长沙黄花国际机场

5.8.2 工程难点

（1）地下混凝土结构施工：该工程钢管混凝土柱柱脚预埋件安装在桩基桩顶标高处，在桩基混凝土浇筑过程中控制钢管混凝土柱柱脚预埋件轴线、标高尤为重要；基础承台环梁钢筋制作、与钢管混凝土柱之间的安装配合，预应力穿钢管混凝土柱深化设计和施工是本工程一大特点和难点；合理组织好地下室钢筋混凝土结构与永久性护坡穿插施工，直接影响地下混凝土结构施工进度；地下结构施工过程基本处于夏季施工阶段，从施工组织、混凝土入模温度控制、养护、温度监测、温差控制以及混凝土的防裂等方面采取合理有效的措施，确保高温施工质量是本工程施工技术重点。

（2）防水施工：该工程地下二层，基础底板和外剪力墙设计防水面积约

$97000m^2$，防水等级为Ⅰ级，严禁存在渗漏部位，特别是地下室西侧为景观水池，且与地下室相连，防水要求更高。

（3）超长无缝混凝土结构的收缩裂缝控制：该工程地下平面尺寸为113m×252m，地上平面纵轴长221m，设计设置5条变形缝，属超长无缝混凝土结构。配合比设计与优化、微膨胀剂选型及掺量、混凝土保湿养护措施、预应力施加时间的合理与否直接影响超长无缝混凝土结构质量。

（4）大体积混凝土的裂缝控制：该工程地下室混凝土柱最大截面尺寸达1500mm×2000mm，属大体积混凝土，混凝土内的水化热高，混凝土的内外温差过大将会产生较大的温度应力，而较大的温度应力将会导致混凝土裂缝。根据混凝土结构构件施工时的大气温度，采取合理措施是有效防止大体积混凝土产生裂缝的关键。

（5）钢管混凝土柱安装及自密实混凝土施工：该工程钢管混凝土柱有五种截面，共计474根。钢管柱埋件位于桩顶标高处，固定难度大。钢管柱安装受预应力筋安装等交叉作业的影响较大。单节钢管柱约8t，塔式起重机选型和布置需同时考虑混凝土结构和钢管柱吊装施工；钢管混凝土柱自密实混凝土施工方案的选择和质量保障直接影响结构使用安全。

（6）钢桁架制作吊装：该工程多管相贯的节点很多且形式复杂。在这些节点的制作中，切割相贯线管口的相贯性、杆件的长度、焊接收缩等因素直接影响到工程的整体质量。V形柱部分采用了铸钢节点。因此存在Q345B与铸钢ZG340-640异种钢间的焊接，如何选择适当的焊接工艺，保证焊接质量，是该工程的重点。

（7）阶梯状单曲金属屋面安装：长沙黄花国际机场新航站楼屋面面积约$60000m^2$，A、B区屋面为阶梯状单曲屋面，C、D、E区及指廊为双坡屋面。漏水历来是屋面施工中最严重的一项隐患。该工程采用先进的隐藏式扣合系统利用屋面固定在结构上的固定座扣合，屋面没有任何螺栓穿孔。任何材料都会有热胀冷缩的现象，因而对金属屋面而言普遍存在着如何解决温度变形和温度应力的难题，必须处理好屋面板起拱、漏水等一系列问题。

（8）该工程中的屋面板长度长，局部呈弧线形，屋面面板加工的精度要求高，屋面面积大，层次多，屋面构造复杂，材料种类繁多，现场工作量大，保证工期要从设计、采购、安装工艺等各方面共同努力。

5.8.3 关键技术

该项目应用了钢筋笼现场制作、整体吊装施工技术；混凝土裂缝防治应用技术；钢管混凝土柱自密实混凝土应用技术；预应力施工应用技术；拉索式吊挂操作平台应用技术；钢结构施工应用技术；阶梯状单曲金属屋面技术；智能照明（智能应急照明）应用技术；信息化智能控制应用技术；虹吸雨水的施工技术运用；NALC新型墙体材料施工应用技术；新型防水卷材应用技术；施工过程测量技术；航班信息显示系统（含闭路电视系统、时钟系统）施工技术；公共广播、内通及时钟系统施工技术等。

5.9 武汉天河国际机场

5.9.1 工程概况

武汉天河国际机场为4E级机场，占地面积4277亩（285.13ha），航站楼总建筑面积2.84万m^2（图5-9）。机场设施完备，可起降各种大型客机，包括A380特大型客机。

5.9.2 工程难点

（1）工程交叉区域多，城际铁路明挖，地铁、主进场路下穿隧道贯穿机场南北，与T3航站楼、飞行场道区等项目有20多处相互交叉施工，各交叉施工区域矛盾重重。

（2）该项工程基坑深18m，基坑范围900m长，144m宽。此次深基坑工程施工环境较为复杂，周围分布较多的水塘。

图 5-9　武汉天河国际机场

（3）基坑工程工期紧、天气炎热、施工作业操作困难，尤其排水和支护的技术难度高。

5.9.3　关键技术

该项目应用了大悬挑钢桁架安装及卸载技术；BIM 机场航站楼施工技术；信息系统技术；航站楼工程不停航施工技术；航班信息显示系统（含闭路电视系统、时钟系统）施工技术；公共广播、内通及时钟系统施工技术等。

5.10　郑州新郑国际机场

5.10.1　工程概况

郑州新郑国际机场位于国家重点旅游城市郑州市东南，距市区 25km，1997 年建成通航，是国内干线运输机场和国家一类航空口岸。机场改扩建工程 2007 年底竣工后，航站楼建筑面积为 12.8 万 m^2，机坪面积为 25.6 万 m^2，机位 43 个，年旅客保障能力 1200 万人次，货邮保障能力 35 万 t。郑州新郑国际机场是按照国际化标准设计的，场道布局合理，设施功能完善，机场飞行区等级为 4E 级，机场占地面积为 28km^2，跑道长 3400m，宽 60m，可满足波音 747 型客机起降。停机坪面积 88m^2，可同时停放 24 架大型喷气式飞机。航行管制系统配备有全固态一/二次雷达，跑道双向仪表着陆系统，双向进近灯光系统，全向信标台地空数据链及 vhf 四/八信道无线共用系统等先进装备，保证飞机的正常飞行及夜航和盲降的要求。

郑州新郑国际机场航站楼改扩建工程采用主体框架结构和屋面钢结构形式，由到港大厅、候机大厅、到港通道等组成，是一座集候机、餐饮、娱乐、办公、安检、行李中转等功能为一体的综合性建筑，工程估算投资六亿元人民币。该工程荣获 2005 年度中国建筑集团有限公司优秀方案设计一等奖（图 5-10）。

图 5-10　郑州新郑国际机场

5.10.2 工程难点

（1）工程面积大，整体工期紧迫，机电安装系统繁多且设计院提供蓝图时间较为滞后，预留 BIM 建模及综合排布时间较为短暂，需短时间内组织大量人力、物力进行 BIM 建模及综合排布。同时工程质量目标为鲁班奖，对 BIM 建模深度有很高要求。

（2）工程结构总跨度较大，宽 133m，长 630m，下部混凝土结构在安装屋盖钢结构时已施工完毕，且其楼面允许施工荷载标准值只有 5.0kN/m^2。

（3）施工场地狭小，施工过程中只能在两侧和端部位置进行钢结构组装、吊装。

5.10.3 关键技术

该项目应用了"分段制作、地面拼装、高空成型、累积滑移"钢结构施工方法，BIM 机场航站楼施工技术；航班信息显示系统（含闭路电视系统、时钟系统）施工技术；公共广播、内通及时钟系统施工技术等。

5.11 南京禄口国际机场

5.11.1 工程概况

南京禄口国际机场于 1995 年 2 月 28 日正式开工，1997 年 7 月 1 日正式通航。设计能力为年旅客吞吐量 4000 万人次、货邮吞吐量 100 万 t。2009 年实际的旅客接待量 1083.72 万人次，在国内民用机场中，居第 12 位，货邮吞吐量达 20 万 t，居第 9 位。机场现有一条长 3600m、宽 60m 的跑道和一条长 3600m、宽 45m 的滑行道，能够满足世界上各类运输机全重起降；候机楼建筑面积 13.2 万 m^2，机场货运仓库库内面积 6700m^2，库外面积 4.5 万 m^2；机坪面积 45.7 万 m^2，其中货机坪 7.00 万 m^2。目前已开通国内、外 48 个城市的 85 条航线。机场于 2002 年通过 ISO 9001 质量体系认证。

南京禄口国际机场航站楼工程，建筑面积 74805m^2，主体为现浇混凝土框架结构，屋盖系统为空间钢管结构。该工程的建筑造型优雅独特，高低错落有致，整个工程呈波浪形，轴线平面尺寸 168.55m(127.03m)×130m（图 5-11）。单榀屋架长 94.4m，重 45.5t，钢屋盖投影面积为 22700m^2。工程钢结构量总重 5200t。

图 5-11 南京禄口国际机场

中建八局承建了桩基、地下室、主体、钢结构、机电等工程的施工。施工期间，创下多项优秀施工纪录：其中地下室工程创造了用最短的工期完成中国华东地区最大的地下室工程的奇迹，在民航局召开的全国 106 家扩建、改建机场工作会议中，南京禄口国际机场地下室工程被评为全国在建机场样板工程。屋盖工程施工时，其钢屋架吊装技术获建设部新技术示范工程奖。

该工程后被评为南京十项标志性工程之一。中建八局被评为南京市建设有功单位。

5.11.2 工程难点

(1) 现代化的航站楼室内装修等级高，管线、线缆、箱盘多为嵌入式，与土建、装饰工程的交叉配合频繁，吊顶上安装风口、喷洒装置、烟感器、灯具要纵横成线，并且需与吊顶贴合紧密，做到整齐美观。

(2) 吊顶内管线安装量大，各专业间交叉施工多，须协调组织统一安排，同时须采取针对措施确保质量。

5.11.3 关键技术

该项目应用了大跨度密拼渐变波浪形吊顶技术；大型履带起重机吊装与滑移相结合施工技术；BIM 机场航站楼施工技术；航班信息显示系统（含闭路电视系统、时钟系统）施工技术；公共广播、内通及时钟系统施工技术等。

5.12 海口美兰国际机场

5.12.1 工程概况

海口美兰国际机场航站楼工程，建筑面积为 60296m^2，由中建八局总承包施工。

该工程分 A、B、C 三个工作区，之间各设置一道伸缩缝（防震缝）。另每隔 50m 左右设一道 UEA 膨胀加强带取代施工后浇带。18m 单跨梁及 21m 和 25.5m 跨梁采用后张无粘结预应力混凝土梁。其中 A、B、C 区共有四个屋顶斜桁架，分别位于 37～42 轴、43～48 轴及 49～54 轴、55～60 轴，屋顶斜桁架下弦采用后张无粘结预应力混凝土斜梁，上弦及腹杆采用预制混凝土构件，二楼入口挑檐采用钢结构及钢缆悬挂结构。

海口美兰国际机场航站楼工程被评为海南省优质工程（图 5-12）。

图 5-12 海口美兰国际机场

5.12.2 工程难点

（1）项目处于烈度区，同时建筑功能决定其属于人流密集的大型公共建筑，具有面积大、空间大、跨度大、造型复杂、内装设备系统昂贵、服务要求高等特点，属于重点设防类别。

（2）梁钢筋直径大、根数多且工期紧张。

5.12.3 关键技术

该项目应用了缓粘结预应力技术；隔震垫安装技术；航班信息显示系统（含闭路电视系统、时钟系统）施工技术；公共广播、内通及时钟系统施工技术等。

5.13 天津滨海国际机场

5.13.1 工程概况

天津滨海国际机场距天津火车站 13.3km，占地 700 万 m^2，建有 2 万 m^2 的候机楼和 1.6 万 m^2 的货运仓库，拥有一条长 3200m、宽 50m 的跑道，飞行区等级 4D，可以起降波音 757 和 767、麦道 82 及以下级别飞机（图 5-13）。

图 5-13　天津滨海国际机场

天津滨海国际机场二期扩建工程项目机场工程位于机场现 T1 航站楼东侧，主要建设内容包括新建 T2 航站楼及配套站坪和滑行道系统、航站楼前高架桥系统、停车设施、地面支持、生产辅助、办公生活及公用配套设施等。其中，新建 T2 航站楼建筑工程，总建筑面积 24.6 万 m^2。

5.13.2　工程难点

屋面为钢柱支撑双层双曲面焊接球钢网架形式，最大跨距 60m，安装高度达 43.7m，整个屋面投影面积达 102050m^2，具有造型复杂、面积超大、安装困难、工期紧、体量大等特点。

5.13.3　关键技术

该项目应用了倾斜网架液压非同步提升翻转施工技术；后浇带与膨胀剂综合施工技术；预应力混凝土超长结构施工技术；防水施工技术；航班信息显示系统（含闭路电视系统、时钟系统）施工技术；公共广播、内通及时钟系统施工技术等。

5.14 厦门高崎国际机场

5.14.1 工程概况

厦门高崎国际机场位于厦门岛的东北端，距厦门市中心 10km；地处闽南金三角的中心地带，三面临海，环境优美，净空条件优越，具有良好的区位优势。厦门高崎国际机场飞行区等级为 4E 级，可起降波音 747-400 等大型飞机，现有 1 条长宽为 3400m×45m 的跑道、1 条长 3300m 的平行滑行道及 7 条联络道，飞行区等级为 4E 级，停机坪面积 25 万 m^2，可同时停靠 40 架大型飞机。候机楼面积 14.9 万 m^2，为中国十大繁忙机场之一。旅客年吞吐能力 1000 万人次；空运货站建筑面积 3 万 m^2，货物年吞吐能力 15 万 t（图 5-14）。

图 5-14 厦门高崎国际机场

5.14.2 工程难点

（1）上部为钢结构屋盖、下部为混凝土框架结构的混合结构，需要采用可以考虑上、下结构的协同作用的总装模型进行建模计算分析，且上、下结构协同结构的跨度大，风荷载分布形式复杂。

（2）主楼混凝土结构设置结构缝，单体最大尺寸约为125m×90m，温度效应不可忽略。

（3）支撑屋盖的钢柱内力较大，混凝土结构梁、柱节点复杂，部分预应力钢筋混凝土梁与有钢柱锚入的混凝土柱间的连接成为工程设计的难点。

5.14.3 关键技术

该项目应用了后浇带与膨胀剂综合施工技术；航站楼大面积曲面屋面系统施工技术；高强度螺栓施工、检测技术；航班信息显示系统（含闭路电视系统、时钟系统）施工技术；公共广播、内通及时钟系统施工技术等。

5.15 沈阳桃仙国际机场航站楼

5.15.1 工程概况

沈阳桃仙国际机场航站楼工程，建筑面积67909.8m^2，由中建八局承建了其土建、机电及高架桥工程。中建八局承建的机场新航站楼是整个工程的核心建筑，地下为桩基及局部地下室。地上分到达层、出发层、登机走廊和高架桥，屋面为钢结构，美观实用的室内装饰，大面积外玻璃幕墙围护，各项设备功能齐全。它是集优秀的设计与先进的施工技术建造出来的一流建筑代表作。

该工程主体工程分A、B、C、D四个区，总长513m，其中A、B、C区为两层框架结构，均设3.5m、12.5m的夹层，D区为三层框架结构，两区之间设有沉降缝。高架桥、新航站楼为组合钢筋混凝土框架结构，周围和室内局部采用钢管组合柱，屋顶采用曲线形薄壁钢管屋架，金属板轻型屋面系统（图5-15）。

图 5-15 沈阳桃仙国际机场航站楼扩建工程

5.15.2 工程难点

（1）钢结构重量大，总重量约为 3300t，桁架曲线长为 69m，单榀重量约为 57.2t。

（2）钢结构与预应力混凝土结构相结合的组合结构形式以及超大面积（单层 20217m^2）、大跨度（18m×24m）连续预应力梁板结构的设计施工在国内不多见。

5.15.3 关键技术

该项目应用了大型钢结构高空滑移拼装滑移技术；超长预应力张拉技术；航站楼大跨度变截面倒三角空间钢管桁架拼装技术；大型玻璃幕墙施工技术；钢混凝土组合技术；防水施工技术；航班信息显示系统（含闭路电视系统、时钟系统）施工技术；公共广播、内通及时钟系统施工技术等。其中，梁上 ϕ32 钢筋采用等强螺纹连接技术，同传统工艺相比具有效率高、美观、抗拉力强等优点。地下室超长防渗裂（234m），采用双掺技术并设有加强带。

5.16 济南遥墙国际机场

5.16.1 工程概况

济南遥墙国际机场航站区扩建工程位于济南市遥墙镇东北约5km处，距市区约26km，位于南有胶济铁路、309国道和济青高速公路，西有济南绕城高速公路和机场路，交通十分便利。该项目由中建八局总承包施工（图5-16）。

图5-16 济南遥墙国际机场航站区扩建工程

航站楼工程由英国维克多建筑事务所设计，建筑面积8万m^2，3层，框架结构，屋盖体系为空间双曲双弧壳体，屋面高度14～32m，屋盖的水平投影面积为5万m^2。中建八局承担了该工程的总承包管理及全部土建、机场高架桥与延长线、机电安装、钢结构设计制作与安装专业工程的承建，部分装饰与玻璃幕墙工程的承建。

工程2002年11月30日开工，2004年12月30日竣工。工程造价7.2亿元人民币，建筑面积80000m^2。2层框架结构，铰接V形钢柱支撑的钢结构屋架高度32.7m。外墙四周为玻璃幕墙，一层为到港层，满足人们接机迎客、查询国际国内班机和行李提取等需要；二层为离港层，具有送客、票务、安检、普通候机、餐饮商务等功能。

工程设有给水排水、通风空调、变配电、自动消防与报警、电梯、计算机信息集成、航班动态显示、楼宇自控、时钟、离港及行李分拣等系统。安装11部登机桥、11部电梯、11部自动扶梯、7套行李分拣系统。旅客吞吐量设计为800万人次/年，高峰时每小时可起降飞机32架次。

5.16.2 工程难点

（1）超长结构控制混凝土裂缝难度大：工程南北长465m，东西宽40～105m，整体结构设2条变形缝，分段长度为150～164m，为超长、超宽结构。施工中合理设置后浇带、膨胀带，采用后张预应力和微膨胀混凝土，优化混凝土配合比、加强混凝土养护，消除了钢筋混凝土裂缝问题。

（2）钢结构屋盖设计新颖、施工技术复杂：双向曲面钢结构屋盖采用倒三角上拱式非对称三管桁架，桁架间距30m，最大长度145m，桁架钢管直径508mm，V形支柱与桁架采用铰连接。桁架主弦杆及H形次梁均为弧形，摵弯制作精度要求高，制作、安装难度大，成型采用中频摵弯和火焰摵弯。为缩短工期，采用中跨高空散装，端跨地面拼装、整体吊装的方案。

（3）玻璃幕墙技术难度高：工程拉杆拉索桁架结构点式玻璃幕墙总面积达24400m^2，东西两面呈弧形，单块玻璃尺寸2.5m×1.8m。1200多延长米幕墙施工中进行分区设计，各区之间设置10道变形缝，减少水平方向的变形对幕墙结构的影响；拉杆、拉索分3次张拉，保证了施工质量。

（4）屋面防水面积大，施工难度高：屋面防水金属贝姆板总面积48000m^2，设有1条贯通的采光带和104个采光天窗（其中26个为自动排烟天窗）。屋面呈双向空间曲面，每条屋面板两端宽度不同，给屋面板的安装和防水节点处理增加了难度。施工时采用了二次弯弧和扇面渐变咬合工艺，屋面板长度方向145m通长无搭接。

（5）测量难度大，精度要求高：结构呈弧形变化，结构定位放线难度大。钢结构构件的每个点皆为三维空间坐标，定位难度高。通过CAD建模技术建立结构仿真模型，采用多台全站仪联测，空间最大偏差控制在5mm之内，确保了安装质量。

（6）大面积国产石材地面铺贴难度大：山东白麻石材与水泥砂浆接触后易变形，控制色差及平整度具有相当的技术难度。施工中进行技术处理，保证了其平整度，避免了泛水、发黄、锈斑等质量缺陷。施工时按色差对每块石材进行编号，分色选用，46700m^{2}的地面达到了理想的效果。

（7）首层地面回填量大：回填土面积40000m^2，回填深度1.28m。施工时按照方案分层回填，严格控制每层虚铺厚度，层层夯实，保证了回填质量。

5.16.3　关键技术

该项目应用了后浇带与膨胀剂综合技术；大面积回填土注浆处理技术；高强度螺栓安装、检测技术；BIM机场航站楼施工技术；航班信息显示系统（含闭路电视系统、时钟系统）施工技术；公共广播、内通及时钟系统施工技术等。

5.17　大连周水子国际机场

5.17.1　工程概况

大连周水子国际机场新建3万m^{2}的候机楼工程，是大连机场扩建工程的主体工程。大连周水子国际机场扩建工程2002年3月经国家有关部门正式批准立项，建设规模为“373”工程：即新建3万m^{2}的候机楼、新建7万m^{2}的停机坪和扩建3万m^{2}的停车场及配套工程。设计目标为到2010年年旅客吞吐量为500万人次，共设计10个近机位和7个远机位。大连机场扩建工程全部完工后，大连将满足空港年吞吐量500万人次、高峰小时2350人次的需要，可同时容纳 17 架大中型飞机使用。作为过渡性机场，它将能满足 10 年以上的使用需求。新候机楼建成后，对大连乃至整个东北地区的经济发展起到积极的推动作用，为实现建设“大大连”的宏伟目标作出重要的贡献。

大连周水子国际机场航站楼扩建工程位于大连机场原航站楼西侧，建筑面积 41360m^2，主体 2 层，局部 3 层及局部地下室。结构类型为钢筋混凝土结构，屋面为钢结构。中建八局实施总承包、土建、机电、钢结构制作安装及部分装饰工程的主承建。

大连周水子国际机场航站区扩建工程分为 A 段、B 段、C 段和 D 段四部分，A 段为指廊，B、C 段为航站楼，D 段为连廊。A 段平面尺寸为 150m×45m，B 段、C 段平面尺寸为 160m×78.5m，D 段平面尺寸为 150m×20m，航站楼总长 555.5m，屋面高度约 13.24m（图 5-17）。

图 5-17　大连周水子国际机场

5.17.2　工程难点

（1）所有桁架支撑构件位于航站楼外，桁架之间通过简单标准构件连接。

（2）屋顶跨度大，施工难度高。

5.17.3　关键技术

该项目应用了高强度螺栓安装、检测技术；航站楼工程不停航施工技术；

航班信息显示系统（含闭路电视系统、时钟系统）施工技术；公共广播、内通及时钟系统施工技术等。

5.18 银川河东国际机场

5.18.1 工程概况

银川河东国际机场位于银川市以东黄河东岸，距银川市中心 20km，飞行区技术等级 4D。

新建航站楼的建筑平面采用矩形主楼，前列式平行指廊的布置方式（图 5-18）。建筑主体长度为 144m，空侧长度 264m，航站楼最大进深为 84m。建筑面积 32837m^2。航站楼为二层式流程，一层为到港层，二层为出发厅。一、二层之间空侧设有到达夹层指廊。

新老楼之间设有连廊。空侧设有 6 座剪刀式登机桥。水平及竖向交通设施设有自动扶梯 5 部、客梯 7 部、货梯 1 部。新建航站楼工程包括主楼、A 指廊、B 指廊、连廊和登机桥，建在现有机场的南侧。

图 5-18 银川河东国际机场

5.18.2 工程难点

（1）二层出发层及以下结构采用钢筋混凝土框架结构（局部矩管混凝土结构或型钢混凝土结构），楼盖为普通钢筋混凝土现浇楼盖。该部分布置了较为规则的12m×12m的柱网，绝大部分考虑为普通钢筋混凝土板梁结构体系，仅对需伸至屋面支承屋面结构的柱，在7m标高以下考虑为以下三种方案：①钢管混凝土柱；②钢骨混凝土柱；③钢筋混凝土柱。以上三种方案根据各柱的不同受力情况，在下一步深化设计中进行选择。

（2）出发层为乘客主要的滞留区，需要有较大的空间，结合建筑设计造型要求，屋面考虑采用大跨钢结构，二层以上采用焊接弯扭箱形曲线多点支撑柱、空间钢管桁架屋面梁结构，屋盖支撑柱共三列，二层跨度分别为60m和24m，配合建筑立面效果，建筑物陆侧及空侧的外立面柱采用矩形钢管混凝土柱，二层及夹层与之相连梁考虑为型钢混凝土梁或钢梁；为达到屋盖钢柱与下部混凝土柱的刚性连接，结构中柱二层以下采用型钢混凝土柱。屋面设工字钢檩条及支撑系统。

5.18.3 关键技术

该项目应用了航站楼钢柱混凝土顶升浇筑施工技术，航站楼工程不停航施工技术；航班信息显示系统（含闭路电视系统、时钟系统）施工技术；公共广播、内通及时钟系统施工技术等。

5.19 阿尔及尔胡阿里·布迈丁机场

5.19.1 工程概况

阿尔及尔胡阿里·布迈丁机场项目由航站楼、停机坪、高架桥和停车场组成，项目位于地中海之畔，阿尔及尔东部，距地中海6km。阿尔及利亚是一个地震多发国家，地震活动Ⅲ区，地震基本加速度为 0.40*g*，相当于国内 9 度地震区。全年分冬夏两季，11～3 月为冬季多雨天气、4～10 月为夏季干旱天气。

新机场建成后，每年旅客接待能力将从 300 万人次增至 1000 万人次；可起降载客量 800 人的 A380 客机，将成为非洲地区最大、最先进的机场。其中航站楼建筑总面积为 19.6 万 m^2，整个建筑鸟瞰呈“T”形布置，上部主体长 324m、宽 108m；下部指廊长 333m、宽 54m；屋面最高点 35m。含 12 个预登机桥，现代化的流线型金属屋面，在阳光下闪出的耀眼光芒犹如一架即将要腾飞的超级战机，雄伟壮丽。停机坪混凝土共 16 万 m^3，停机坪土方共回填 62 万 m^3；高架桥长 717m，停车场面积 14 万 m^2。

结构形式为地下一层现浇梁板钢筋混凝土结构、地上四层钢结构、钢筋混凝土楼板，钢结构用钢总量约 1.36 万 t，钢结构屋顶平面呈 T 字形，主楼钢结构（轴网尺寸长 9×36＝324m，宽 108＋81＝189m），指廊钢结构（轴网尺寸长 9×28＝252m，宽 36m），指廊部分设置了两道变形缝将其分成 3 部分。装饰装修为玻璃幕墙与陶土板外立面、花岗石及瓷砖地面、铝合金玻璃与轻质隔断、金属板网吊顶等；金属屋面采用 river clack 55 屋面板结构防水构造，表面无螺钉穿透，整体效果协调美观；机电部分由消防、电气、给水排水、暖通空调等通用机电组成；专用设备部分由行李处理系统、安保系统、通信系统、机场 IT 系统、楼宇控制、海关安检、航站设备与电（扶）梯组成(图 5-19)。

5.19.2 工程难点

（1）航站楼的屋面钢结构最大跨度达 180m，拱高 45m，节点复杂，被业界誉为“世界上设计、施工难度最大、复杂程度最高”的钢结构项目之一。

（2）机场屋面由 9 个 36m 长的波浪拱形结构组成，且全部用螺栓连接节点，复杂程度罕见，建造精度要求极高。

（3）阿尔及尔胡阿里·布迈丁机场位于地中海南岸的茫茫沙漠之中，昼夜

图 5-19 阿尔及尔胡阿里・布迈丁机场

温差巨大，建筑材料的老化速度非常快，从而严重降低使用寿命。

5.19.3 关键技术

该项目应用了钢结构分区卸载技术；航站楼大跨度变截面倒三角空间钢管桁架拼装技术；钠基膨润土防水毯铺装技术；航班信息显示系统（含闭路电视系统、时钟系统）施工技术；公共广播、内通及时钟系统施工技术等。

5.20 素万那普机场

5.20.1 工程概况

素万那普机场项目总建筑面积约为 21.6 万 m^2，分为地下 2 层半、地上 4 层，航站楼东西长约 1070m，南北宽约 80m。设计客流量为 1500 万人次/年，建成后整个机场总客流量将达到6500万人次/年，是截至目前中资企业在泰国市场承接的最大工程项目。

素万那普机场工程体量大，用钢量2.6万t，结构形式复杂，主要构件包括钢柱、钢梁、钢桁架、双层登机桥和钢楼梯等。其中钢柱上大下小，钢套筒无底板需提前安装，屋面双曲桁架空间曲面形状，杆件定位麻烦，构件数量多，截面规格多，加工制作及现场安装难度很大（图5-20）。

图5-20　素万那普机场项目效果图

5.20.2　工程难点

（1）屋面主桁架为双曲弓形桁架，且相邻两榀桁架尺寸不一（渐变），落地段截面为箱体，上部为双曲及单曲桁架，呈双向双曲造型，构件制作难度非常大。

（2）钢屋盖跨度大，变形大，不同位置结构变形值不同。大跨度弧形空间桁架结构安装过程中，其结构变形、应力控制，预起拱值的确认与把控，测量精度的控制与纠偏尤为重要。

（3）工程有部分厚板焊接，构件板厚最大达到80mm，钢材标准为目标，对保证厚板焊接质量、焊接变形控制及焊接残余应力消除提出了很高要求。

（4）工程工期非常紧张，特别是屋面钢结构在三个月内安装完成，短工期条件下大体量复杂异形结构深化设计、加工制作和施工组织难度大。

（5）屋面斜撑柱及主桁架箱形落地段面漆完成后将直接作为装饰成型面，对外观要求非常高，故防火及面漆施工的质量及过程控制非常重要。

（6）工程钢结构施工大多为高空作业，并且交叉施工多，对高处作业的安全管理与防护有较高要求。

5.20.3 关键技术

该项目应用了大跨预应力楼板单立杆支撑回顶技术；BIM机场航站楼施工技术；航班信息显示系统（含闭路电视系统、时钟系统）施工技术；公共广播、内通及时钟系统施工技术等。